新基礎数学　問題集

改訂版

大日本図書

Fundamental Mathematics

まえがき

数学の内容をより深く理解し，学力をつけるためには，いろいろな問題を自分の力で解いてみることが大切なことは言うまでもない．本書は「新基礎数学　改訂版」に準拠してつくられた問題集で，教科書の内容を確実に身につけることを目的として編集された．各章の構成と学習上の留意点は以下の通りである．

(1) 各節のはじめに**まとめ**を設け，教科書で学習した内容の要点をまとめた．知識の整理や問題を解くときの参照に用いてほしい．

(2) **Basic**（基本問題）は，教科書の問に対応していて，基礎知識を定着させる問題である．右欄に教科書の問のページと番号を示している．**Basic** の内容については，すべてが確実に解けるようにしてほしい．

(3) **Check**（確認問題）は，ほぼ **Basic** に対応していて，その内容が定着したかどうかを確認するための問題である．1ページにまとめているので，確認テストとして用いてもよい．また，**Check** の解答には，関連する **Basic** の問題番号を示しているので，**Check** から始めて，できなかった所を **Basic** に戻って反復することもできるようになっている．

(4) **Step up**（標準問題）は基礎知識を応用させて解く問題である．「例題」として考え方や解き方を示し，直後に例題に関連する問題を取り入れた．**Basic** の内容を一通り身につけた上で，**Step up** の問題を解くことをすれば，数学の学力を一層伸ばし，応用力をつけることが期待できる．

(5) 章末には，**Plus**（発展的内容と問題）を設け，教科書では扱っていないが，学習しておくと役に立つと思われる発展的な内容を取り上げ，学生自らが発展的に考えることができるようにした．

(6) **Basic** と **Check** の解答は，基本的に解答のみである．ただし，**Step up** と **Plus** については，自学自習の便宜を図って，必要に応じて，問題の右欄にヒントを示すか，解答にできるだけ丁寧に解法の指針を示した．

数学の学習においては，あいまいな箇所をそのまま残して先に進むことをせずに，じっくりと考えて，理解してから先に進むといった姿勢が何より大切である．

授業のときや予習復習にあたって，この問題集を十分活用して工学系や自然科学系を学ぶために必要な数学の基礎学力と応用力をつけていただくことを期待してやまない．

令和2年10月

編者

目次

1章　数と式の計算

1　整式の計算

まとめ

●計算の 3 法則

交換法則　$A+B=B+A,\ AB=BA$

結合法則　$(A+B)+C=A+(B+C),\ (AB)C=A(BC)$

分配法則　$A(B+C)=AB+AC,\ (A+B)C=AC+BC$

●指数法則

$a^m a^n=a^{m+n},\ (a^m)^n=a^{mn},\ (ab)^n=a^n b^n$

●展開公式 $\longleftrightarrow$ 因数分解の公式

$m(a+b)=ma+mb$

$(a+b)^2=a^2+2ab+b^2,\ (a-b)^2=a^2-2ab+b^2$

$(a+b)(a-b)=a^2-b^2$

$(x+a)(x+b)=x^2+(a+b)x+ab$

$(ax+b)(cx+d)=acx^2+(ad+bc)x+bd$

$(a+b)^3=a^3+3a^2b+3ab^2+b^3$

$(a-b)^3=a^3-3a^2b+3ab^2-b^3$

$(a+b+c)^2=a^2+b^2+c^2+2ab+2bc+2ca$

$(a+b)(a^2-ab+b^2)=a^3+b^3$

$(a-b)(a^2+ab+b^2)=a^3-b^3$

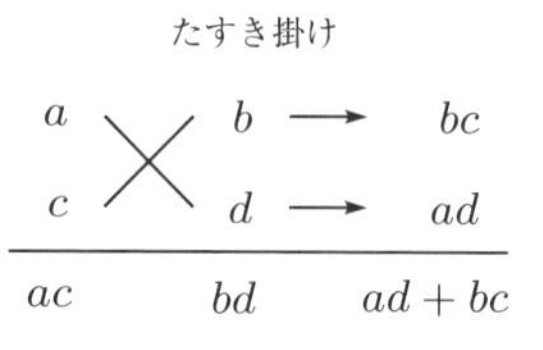

●除法の等式

整式 A を整式 B で割ったときの商を Q，余りを R とすると

$$A=BQ+R\quad（ただし，R\ の次数 < B\ の次数）$$

●剰余の定理

整式 $P(x)$ を 1 次式 $x-a$ で割ったときの余りは $P(a)$ に等しい．

●因数定理

$P(x)$ が $x-a$ で割り切れる $\iff P(a)=0$

Basic

1 次の式を降べきの順に整理せよ.　→教 p.3 問·1

(1) $3x^2-4x+x^2-2+x+5$　(2) $2+2x^2-7x+x^2+2x-3+4x$

2 次の整式 A, B について, $A+B$, $A-B$ を計算せよ.　→教 p.3 問·2

(1) $A=2x^2+5x-3$, $B=3x^2-3x-3$

(2) $A=3x^3-2x+1$, $B=2x^3-x^2+5x$

3 次の整式を文字 x に着目して降べきの順に整理せよ.　→教 p.4 問·3

(1) $2x^2-4xy+3y^2+3xy+3x^2-2x-5$

(2) $a^3-2a^2x+ax^2+x^3-3ax^2+a^2x$

4 次の整式 A, B について, $A+B$, $A-B$ を計算し, (　) 内の文字について降べきの順に整理せよ.　→教 p.4 問·4

(1) $A=2x^3+4ax^2-3a^3$, $B=3ax^2-2a^2x+2a^3$　(x)

(2) $A=x^3+2x^2y+5xy-y^2$, $B=3x^2y-xy+2$　(y)

5 次の式を計算せよ.　→教 p.6 問·5

(1) $(-3x)^3$　(2) $(-a^2)^3$

(3) $(-ab^3)^2(2a^2b)^3$　(4) $(x+4)(x^2+3x-5)$

6 展開公式を用いて, 次の式を計算せよ.　→教 p.6 問·6

(1) $(x+2y)^2$　(2) $(3a-b)^2$

(3) $(3x+7y)(3x-7y)$　(4) $(x+3a)(x-2a)$

(5) $(2x+3)(x+4)$　(6) $(3x-2y)(2x+3y)$

(7) $(2a+b)^3$　(8) $(3x-2y)^3$

7 次の式を計算せよ.　→教 p.7 問·7

(1) $(x+y+1)^2$　(2) $(x-2y+3)^2$

(3) $(a+2)(a^2-2a+4)$　(4) $(3x-1)(9x^2+3x+1)$

8 次の式を計算せよ.　→教 p.7 問·8

(1) $(2x+y+3)(2x+y+5)$　(2) $(a^2+a-1)(a^2-a+1)$

9 次の式を因数分解せよ.　→教 p.9 問·9

(1) $4a^3-9ab^2$　(2) $ab-b-ac+c$

(3) $8a^3+27$　(4) $x^2+2xy+y^2-z^2$

10 次の式を因数分解せよ. →教 p.9 問·10

(1) x^2-5x+6　　(2) $x^2-7x-30$

11 次の式を因数分解せよ. →教 p.10 問·11

(1) $6x^2+17x+5$　　(2) $3x^2+4x-4$

12 次の式を因数分解せよ. →教 p.10 問·12

(1) x^4-16　　(2) $(x-y)^2+2(x-y)-15$

(3) $x^2+2xy+y^2-3x-3y+2$　　(4) $2x^2+5xy+3y^2-3x-5y-2$

13 次の整式 A を B で割ったときの商と余りを求め，等式で表せ. →教 p.12 問·13

(1) $A=x^2+3x-1$, $B=x-2$　　(2) $A=4x^3-9x^2+3x$, $B=x+1$

(3) $A=2x^3+3x^2-4x+5$, $B=x^2+x+2$

14 ある整式を $2x+3$ で割ったとき，商が $3x^2-1$ で，余りが 5 であった．この整式を求めよ. →教 p.12 問·14

15 次の整式の組の最大公約数と最小公倍数を求めよ. →教 p.13 問·15

(1) ab^2c,　bc^2d,　abc^3　　(2) $(x+2)(x-1)$, $(x+2)(x-2)$

(3) $(x+1)(x-1)$, $(x+1)(x^2-x+1)$, $(x+1)^2$

16 $P(x)=x^3-x^2-5x+2$, $Q(x)=2x^3+6x^2+3x-1$ について，次の整式または値を求めよ．ただし，a は特定の値とする. →教 p.14 問·16

(1) $2P(x)-Q(x)$　　(2) $P(2)$　　(3) $Q(-a)$

17 次の整式 $A(x)$ を $B(x)$ で割ったときの余りを求めよ. →教 p.15 問·17

(1) $A(x)=2x^2-5x+3$, $B(x)=x-2$

(2) $A(x)=x^3+x^2-3x+6$, $B(x)=x+3$

18 整式 $2x^3-x^2+3x+5$ を $2x+1$ で割ったときの余りを求めよ. →教 p.15 問·18

19 整式 $P(x)=x^3+4x^2+x-6$ は，$x+1$, $x+2$, $x+3$ のいずれの 1 次式で割り切れるか. →教 p.16 問·19

20 整式 $2x^3+kx^2+3x-10$ が $x-1$ で割り切れるように定数 k の値を定めよ. →教 p.16 問·20

21 次の式を因数分解せよ. →教 p.16 問·21

(1) x^3-7x+6　　(2) x^3+4x^2+5x+2

(3) $2x^3+3x^2-11x-6$　　(4) $x^4+5x^3+5x^2-5x-6$

Check

22 $A = 2x^2 + 4x - 1$, $B = x^2 - 3x + 2$ とするとき，次の式を計算せよ．

(1) $2A + B$　　(2) $A - 2B$

23 次の式を計算せよ．

(1) $(-2ab^2)^3$　　(2) $(x + 2y)(3x - y)$

(3) $(2x + 3y)^2$　　(4) $(5a + 3b)(5a - 3b)$

(5) $(x + 3y)^3$　　(6) $(3x + 2y - 1)^2$

(7) $(x - 4)(x^2 + 4x + 16)$　　(8) $(2a + b - 2)(2a + b + 3)$

24 次の式を因数分解せよ．

(1) $x^2 - 9x + 18$　　(2) $3a^2b - 12b^3$

(3) $x^3 - 8$　　(4) $27a^3 + 1$

(5) $2a^2 + 5a - 18$　　(6) $12x^2 - 5xy - 2y^2$

(7) $ab + b^2 + 3a + b - 6$　　(8) $2x^2 - y^2 + xy - 3x + 1$

25 次の問いに答えよ．

(1) $A = x^3 + 5x^2 + 4x + 6$ を $B = x^2 + 2x + 3$ で割ったときの商と余りを求め，等式で表せ．

(2) ある整式を $x^2 + 3$ で割ったとき，商が $2x + 1$ で，余りが $6x - 1$ であった．この整式を求めよ．

26 次の整式の組の最大公約数と最小公倍数を求めよ．

(1) a^2bc，ab^2cd^3，bcd^2

(2) $(x + 7)(x - 3)$，$(2x + 1)(x - 3)$，$(x - 3)^2$

27 次の問いに答えよ．

(1) $x^3 + 5x^2 + ax + 3$ を $x + 1$ で割った余りが 4 のとき，a の値を求めよ．

(2) $x^3 + ax^2 - 4x + 3$ を $x - 1$ および $x - 2$ で割ったときの余りが等しくなるように，a の値を定めよ．

28 次の式を因数分解せよ．

(1) $x^3 - 6x^2 + 11x - 6$　　(2) $x^3 + 3x^2 - 6x - 8$

(3) $x^3 - 7x^2 + 16x - 12$　　(4) $x^4 + 3x^3 - 7x^2 - 15x + 18$

Step up

例題 次の式を計算せよ.

(1) $(a-b)(a^2+ab+b^2)(a^3+b^3)$　　(2) $x(x+1)(x+2)(x+3)$

解 (1) $(a-b)(a^2+ab+b^2)(a^3+b^3)=(a^3-b^3)(a^3+b^3)=a^6-b^6$

(2) $x(x+1)(x+2)(x+3)=\{x(x+3)\}\{(x+1)(x+2)\}$

$=(x^2+3x)\{(x^2+3x)+2\}=(x^2+3x)^2+2(x^2+3x)$

$=x^4+6x^3+9x^2+2x^2+6x=x^4+6x^3+11x^2+6x$ //

29 次の式を計算せよ.

(1) $(2a+b)(4a^2-2ab+b^2)(8a^3-b^3)$ (2) $(x-1)(x-2)(x-3)(x-4)$

例題 $a^2b+b^2c-a^2c-b^3$ を因数分解せよ.

解 次数の低い c について整理すると

与式 $=(b^2-a^2)c-b^3+a^2b=(b^2-a^2)c-(b^2-a^2)b$

$=(b^2-a^2)(c-b)=(b+a)(b-a)(c-b)$

$=(a+b)(a-b)(b-c)$ //

30 次の式を因数分解せよ.

(1) $x^2y+xz+yz+xy^2$　　(2) $a^3+b^3+a^2b+ab^2$

(3) x^6-9x^3+8　　(4) $ab(a-b)+bc(b-c)+ca(c-a)$

(4) 1つの文字について整理せよ.

例題 整式 $P(x)=ax^3+bx^2+cx+d$ （a, b, c, d は整数, $d \neq 0$）について, 整数 n が $P(n)=0$ を満たすとする. このとき, n は定数項 d の約数であることを証明せよ.

解 $P(n)=an^3+bn^2+cn+d=0$ より

$d=-an^3-bn^2-cn=n(-an^2-bn-c)$

$-an^2-bn-c$ は整数だから, n は d の約数である. //

●**注**…… 上の例題により, 因数定理を用いるとき, まず定数項の約数を代入していけばよいことがわかる.

31 次の式を因数分解せよ.

(1) $x^3-4x^2-3x+18$　　(2) $x^4-4x^3-5x^2-2x+10$

例題 次の式を因数分解せよ.

(1) x^4+4　　(2) x^4+x^2+1

解 a^2-b^2 の因数分解を利用する.

(1) $x^4+4=x^4+4x^2+4-4x^2=(x^2+2)^2-(2x)^2$

$=(x^2+2x+2)(x^2-2x+2)$

(2) $x^4+x^2+1=x^4+2x^2+1-x^2=(x^2+1)^2-x^2$

$=(x^2+x+1)(x^2-x+1)$ //

32 次の式を因数分解せよ.

(1) $4a^4+1$　　(2) $9x^4+11x^2+4$

(3) x^4-6x^2+1　　(4) x^4-3x^2+9

例題 整式 $P(x)$ を $x-1$ で割ると余りが 3 であり, $x+2$ で割ると余りが 9 であった. $P(x)$ を $(x-1)(x+2)$ で割ったときの余りを求めよ.

解 $P(x)$ を $(x-1)(x+2)$ で割ったときの余りの次数は 1 以下だから, これを $ax+b$ とおき, 商を $Q(x)$ とすれば

$$P(x)=(x-1)(x+2)Q(x)+ax+b$$

条件より $P(1)=3$, $P(-2)=9$ だから

$$\begin{cases} a+b=3 \\ -2a+b=9 \end{cases}$$ これを解いて　$a=-2$, $b=5$

したがって, 求める余りは　$-2x+5$ //

33 整式 $P(x)$ を $x+1$ で割ると余りが 1, $x-4$ で割ると余りが 16 であった. $P(x)$ を x^2-3x-4 で割ったときの余りを求めよ.

34 整式 $P(x)$ を $Q(x)$ で割ると, 商が x^2+1 で余りが x^3+2x になった. $P(x)$ を x^2+1 で割ったときの余りを求めよ.

35 整式 $P(x)$ を $x-2$ で割ると余りが 4 であり, その商をさらに $x+3$ で割ると余りが 3 であった. $P(x)$ を x^2+x-6 および $x+3$ で割ったときの余りをそれぞれ求めよ.

2 いろいろな数と式

まとめ

分数式において分母は0でないとする.

●分数式の基本性質

$$\frac{A}{B}=\frac{A\times M}{B\times M},\quad \frac{A}{B}=\frac{A\div M}{B\div M}\quad (M\neq 0)$$

●指数法則（除法）

$m>n$ のとき $\dfrac{a^m}{a^n}=a^{m-n}$,　$m<n$ のとき $\dfrac{a^m}{a^n}=\dfrac{1}{a^{n-m}}$　$(a\neq 0)$

●分数式の四則

$$\frac{A}{C}+\frac{B}{C}=\frac{A+B}{C},\quad \frac{A}{C}-\frac{B}{C}=\frac{A-B}{C}$$

$$\frac{A}{B}\times\frac{C}{D}=\frac{AC}{BD},\quad \frac{A}{B}\div\frac{C}{D}=\frac{AD}{BC}$$

●絶対値

$$|a|=\begin{cases} a & (a\geqq 0\text{ のとき})\\ -a & (a<0\text{ のとき})\end{cases}$$

$$|a|^2=a^2,\quad |-a|=|a|,\quad |ab|=|a||b|,\quad \left|\frac{a}{b}\right|=\frac{|a|}{|b|}\ (b\neq 0)$$

●平方根

- 正の数 a の平方根は正，負の2つあり，$\sqrt{a}$ と $-\sqrt{a}$ である.
- 実数 a について　$\sqrt{a^2}=|a|$
- $a>0,\ b>0$ のとき　$(\sqrt{a})^2=a,\quad \sqrt{a}\sqrt{b}=\sqrt{ab},\quad \dfrac{\sqrt{a}}{\sqrt{b}}=\sqrt{\dfrac{a}{b}}$

●複素数

- 平方して -1 になる数を考え，i で表し，虚数単位という.
- $i^2=-1$
- $k>0$ のとき　$\sqrt{-k}=\sqrt{k}\,i$
  $-k$ の平方根は　$\pm\sqrt{-k}=\pm\sqrt{k}\,i$
- $a+bi=c+di \iff a=c,\ b=d$　($a,\ b,\ c,\ d$ は実数)
- 四則計算は i を文字と考えて計算し，i^2 を -1 で置き換える.
- 共役複素数　$\overline{a+bi}=a-bi$
- 複素数の絶対値　$|a+bi|=\sqrt{a^2+b^2}$

Basic

36 次の分数式を既約分数式になおせ. →教 p.22 問・1

(1) $\dfrac{18x^2y^5z}{(2xy^2z)^3}$　(2) $\dfrac{x^2y^2+xy^3}{x^2y-y^3}$

(3) $\dfrac{x^2-(y-1)^2}{(x+y)^2-1}$　(4) $\dfrac{x^2-6x+8}{x^3-8}$

37 次の分数式を計算せよ. →教 p.22 問・2

(1) $\dfrac{2}{x+2}+\dfrac{1}{x+3}$　(2) $\dfrac{x-y}{x+y}+\dfrac{2xy}{x^2-y^2}$

(3) $\dfrac{a+b}{a-b}-\dfrac{a-b}{a+b}$　(4) $\dfrac{1}{2a-1}+\dfrac{1}{2a+1}-\dfrac{2}{4a^2-1}$

38 次の分数式を計算せよ. →教 p.23 問・3

(1) $\dfrac{(-2xy)^3}{9z^2}\times\dfrac{6z^3}{(-x^2y)^2}$　(2) $\dfrac{a^2+4ab+3b^2}{a^3+8b^3}\div\dfrac{a^2+ab}{a+2b}$

39 次の繁分数式を簡単にせよ. →教 p.23 問・4

(1) $\dfrac{1-\dfrac{1}{a}}{a-\dfrac{1}{a^2}}$　(2) $\dfrac{x+1-\dfrac{4}{x+1}}{1-\dfrac{2}{x+1}}$

40 分子を分母で割ったときの商と余りを用いて，次の分数式を変形せよ. →教 p.24 問・5

(1) $\dfrac{x^2-3x+3}{x-2}$　(2) $\dfrac{x^3+3x^2-4x+7}{x^2-2x+3}$

41 x が次の数であるとき，$|x-4|+|2-x|$ の値を求めよ. →教 p.26 問・6

(1) $x=1$　(2) $x=7$　(3) $x=\pi$

42 次の式を簡単にせよ. →教 p.28 問・7

(1) $\sqrt{8}-\sqrt{32}+\sqrt{72}$　(2) $(2\sqrt{2}-\sqrt{3})(\sqrt{2}+4\sqrt{3})$

(3) $\dfrac{\sqrt{27}}{3\sqrt{48}}$　(4) $\left(\sqrt{2}+\dfrac{1}{\sqrt{2}}\right)^2$

43 次の式を計算せよ. →教 p.28 問・8

(1) $\sqrt{(3-\sqrt{3})^2}$　(2) $\sqrt{(2-3\sqrt{2})^2}$

44 次の式の分母を有理化せよ. →教 p.28 問・9

(1) $\dfrac{4\sqrt{3}}{\sqrt{2}}$　(2) $\dfrac{1}{\sqrt{5}+\sqrt{3}}$

(3) $\dfrac{\sqrt{6}}{\sqrt{3}-\sqrt{2}}$　(4) $\dfrac{3-2\sqrt{2}}{3+2\sqrt{2}}$

45 次の式を計算せよ. →教p.30 問·10

(1) $(2-3i)+(3+4i)$　　(2) $(4+i)-(2-7i)$

(3) $(1+3i)(3-5i)$　　(4) $(2+3i)^2$

(5) $\dfrac{1-i}{1+i}$　　(6) $\dfrac{1}{1+3i}+\dfrac{1}{1-3i}$

46 次の計算をせよ. →教p.31 問·11

(1) $(\sqrt{-3})^2$　　(2) $\sqrt{-8}\times\sqrt{-2}$

(3) $\sqrt{-8}+\sqrt{-2}$　　(4) $\sqrt{-5}\times\sqrt{5}$

(5) $\sqrt{2}\times\sqrt{-3}$　　(6) $\dfrac{\sqrt{-12}}{\sqrt{-3}}$

(7) $\dfrac{\sqrt{8}}{\sqrt{-2}}$　　(8) $\dfrac{\sqrt{-27}}{\sqrt{3}}$

47 右図の複素数平面上の各点を複素数で表せ. 
→教p.32 問·12

(1) A　　(2) B

(3) C　　(4) D

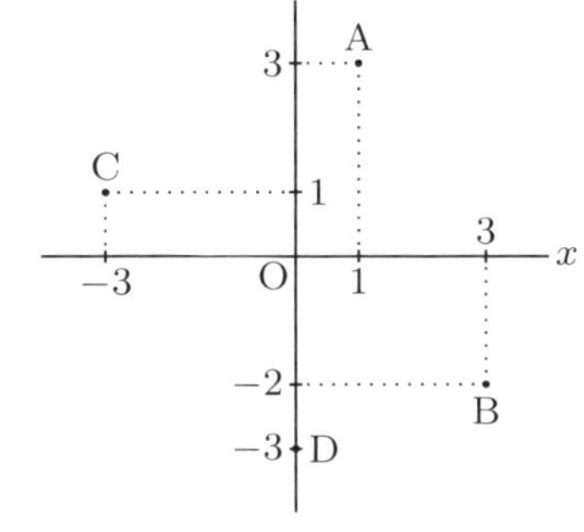

48 次の複素数を複素数平面上に表せ. →教p.32 問·12

(1) $2+3i$　　(2) $-4+i$　　(3) $3-i$

49 前問の複素数の共役複素数を求め, 複素数平面上に表せ. →教p.32 問·13

50 次の計算をせよ. →教p.32 問·14

(1) $4+3i+\overline{4+3i}$　　(2) $(4+3i)\overline{(4+3i)}$

(3) $3-2i-\overline{(3-2i)}$　　(4) $(3-2i)\overline{(3-2i)}$

51 次の複素数の絶対値を求めよ. →教p.32 問·15

(1) $1+i$　　(2) $1-i$

(3) $-3i$　　(4) $1+2i$

(5) $-3-4i$　　(6) $1+\sqrt{3}i$

Check

52 次の式を計算せよ.

(1) $\dfrac{6x^4y^6}{(2xy^3)^3}$　　(2) $\dfrac{a}{a+3b}+\dfrac{3ab}{a^2-9b^2}$

(3) $\left(-\dfrac{y}{x}\right)\times\dfrac{y^3}{x^2}\div\left(-\dfrac{y^2}{x^3}\right)$

(4) $\dfrac{x^2-2x+1}{x^2-2x}\times\dfrac{x-2}{x^2+3x+2}\div\dfrac{x-1}{x^2+x}$

(5) $\dfrac{1-\dfrac{2}{x}}{1+\dfrac{3}{x}-\dfrac{10}{x^2}}$　　(6) $\dfrac{1+\dfrac{2-x^2}{x(x+2)}}{\dfrac{1}{x}-\dfrac{1}{x+2}}$

53 分子を分母で割ったときの商と余りを用いて，次の分数式を変形せよ.

(1) $\dfrac{x^3-3x^2-x+6}{x^2-4x+3}$　　(2) $\dfrac{x^3-5x^2+9x+2}{x^2-3x+2}$

54 次の計算をせよ.

(1) $\sqrt{18}-\sqrt{8}+\sqrt{32}$　　(2) $(\sqrt{10}+\sqrt{5})(\sqrt{2}-1)$

(3) $\dfrac{\sqrt{3}}{\sqrt{3}+1}\times\dfrac{2}{3-\sqrt{3}}$　　(4) $(2+\sqrt{3}+\sqrt{7})(2+\sqrt{3}-\sqrt{7})$

55 次の計算をせよ.

(1) $\sqrt{(1-\sqrt{2})^2}$　　(2) $\dfrac{1}{\sqrt{3}-1}+\dfrac{1}{\sqrt{5}+\sqrt{3}}$

56 次の計算をせよ.

(1) $|2-7+3|$　　(2) $|\sqrt{3}+1|^2-|\sqrt{3}-1|^2$

(3) $|2\sqrt{5}-6|\,|2\sqrt{5}+6|$　　(4) $|\sqrt{5}-1|+|\sqrt{5}-3|$

57 次の計算をせよ.

(1) $(3+2i)(2-3i)$　　(2) $\dfrac{1}{2i}(1+i)^2$

(3) $\sqrt{-3}\sqrt{-27}$　　(4) $\dfrac{\sqrt{32}}{\sqrt{-2}}$

58 次の複素数の絶対値を求めよ.

(1) $3-2i$　　(2) $(2-i)(1-2i)$

(3) $\dfrac{2-i}{2+i}$　　(4) $\dfrac{3-4i}{1+2i}$

59 複素数 $\alpha=2+3i$ について，次の値を求めよ.

(1) $\alpha+\overline{\alpha}$　　(2) α^2

(3) $|\alpha|^2$　　(4) $\alpha\overline{\alpha}$

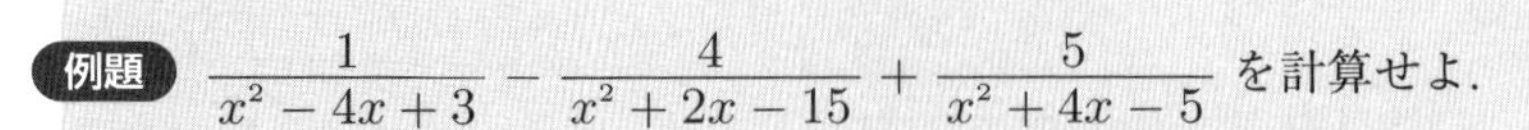

Step up

例題 $\dfrac{1}{x^2-4x+3}-\dfrac{4}{x^2+2x-15}+\dfrac{5}{x^2+4x-5}$ を計算せよ.

解 与式 $=\dfrac{1}{(x-1)(x-3)}-\dfrac{4}{(x-3)(x+5)}+\dfrac{5}{(x-1)(x+5)}$

$$=\frac{(x+5)-4(x-1)+5(x-3)}{(x-1)(x-3)(x+5)}$$

$$=\frac{2x-6}{(x-1)(x-3)(x+5)}=\frac{2}{(x-1)(x+5)}$$ //

60 次の式を計算せよ.

(1) $\dfrac{3}{x^2-5x+6}-\dfrac{2}{x^2-4x+3}-\dfrac{1}{x^2-3x+2}$

(2) $\dfrac{b+c}{(a-b)(a-c)}+\dfrac{c+a}{(b-c)(b-a)}+\dfrac{a+b}{(c-a)(c-b)}$

(3) $\dfrac{x^2+2xy+y^2}{x^3-y^3}\div\left(-\dfrac{x^2y+xy^2}{x-y}\right)$

(4) $\dfrac{2x^2+5xy+3y^2}{x^2-2xy+y^2}\times\dfrac{x^2-y^2}{2x^2+xy-y^2}\div\dfrac{2x^2-xy-3y^2}{2x^2-3xy+y^2}$

例題 次の式を計算せよ.

(1) $\dfrac{1+\dfrac{1}{t-1}}{1-\dfrac{1}{t+1}}$　　(2) $1+\dfrac{1}{1+\dfrac{1}{1+\dfrac{1}{x}}}$

解 (1) 分母と分子に $(t+1)(t-1)$ を掛けて

与式 $=\dfrac{(t+1)(t-1)+(t+1)}{(t+1)(t-1)-(t-1)}=\dfrac{t(t+1)}{t(t-1)}=\dfrac{t+1}{t-1}$

(2) $\dfrac{1}{1+\dfrac{1}{x}}=\dfrac{x}{x+1}$ より

与式 $=1+\dfrac{1}{1+\dfrac{x}{x+1}}=1+\dfrac{x+1}{x+1+x}=1+\dfrac{x+1}{2x+1}=\dfrac{3x+2}{2x+1}$ //

61 次の式を計算せよ.

(1) $\dfrac{\dfrac{x+1}{x-1}-\dfrac{x-1}{x+1}}{\dfrac{x+1}{x-1}+\dfrac{x-1}{x+1}}$　　(2) $\dfrac{\dfrac{2}{t-2}+1}{\dfrac{2}{t+2}-1}$

(3) $\dfrac{a-\dfrac{1}{1+\dfrac{1}{a}}}{a+\dfrac{1}{1-\dfrac{1}{a}}}$　　(4) $\dfrac{1}{1-\dfrac{1}{1-\dfrac{1}{1-\dfrac{1}{x}}}}$

例題 $\dfrac{1}{\sqrt{2}+\sqrt{3}+\sqrt{5}}$ の分母を有理化せよ.

解 与式 $=\dfrac{\sqrt{2}+\sqrt{3}-\sqrt{5}}{(\sqrt{2}+\sqrt{3}+\sqrt{5})(\sqrt{2}+\sqrt{3}-\sqrt{5})}$

$=\dfrac{\sqrt{2}+\sqrt{3}-\sqrt{5}}{(\sqrt{2}+\sqrt{3})^2-(\sqrt{5})^2}=\dfrac{\sqrt{2}+\sqrt{3}-\sqrt{5}}{2+2\sqrt{6}+3-5}$

$=\dfrac{\sqrt{2}+\sqrt{3}-\sqrt{5}}{2\sqrt{6}}=\dfrac{2\sqrt{3}+3\sqrt{2}-\sqrt{30}}{12}$ //

62 次の計算をせよ.

(1) $\dfrac{1}{2+\sqrt{3}+\sqrt{7}}$　　(2) $\dfrac{1}{1+\sqrt{2}-\sqrt{3}}+\dfrac{1}{1+\sqrt{2}+\sqrt{3}}$

例題 複素数 α, β について, 次のことを証明せよ.

(1) $\alpha\overline{\alpha}=|\alpha|^2$　　(2) $\overline{\alpha+\beta}=\overline{\alpha}+\overline{\beta}$　　(3) $\overline{\alpha\beta}=\overline{\alpha}\,\overline{\beta}$

また, (1), (3) を用いて $|\alpha\beta|=|\alpha||\beta|$ を証明せよ.

解 $\alpha=a+bi$, $\beta=c+di$ (a, b, c, d は実数) とおく.

(1) $\alpha\overline{\alpha}=(a+bi)(a-bi)=a^2-b^2i^2=a^2+b^2=|\alpha|^2$

(2) $\alpha+\beta=(a+c)+(b+d)i$ より

$\overline{\alpha+\beta}=(a+c)-(b+d)i=a-bi+c-di=\overline{\alpha}+\overline{\beta}$

(3) $\alpha\beta=(a+bi)(c+di)=(ac-bd)+(ad+bc)i$ より

$\overline{\alpha\beta}=(ac-bd)-(ad+bc)i$

また, $\overline{\alpha}\,\overline{\beta}=(a-bi)(c-di)=(ac-bd)-(ad+bc)i$

したがって $\overline{\alpha\beta}=\overline{\alpha}\,\overline{\beta}$

(1), (3) を用いると

$|\alpha\beta|^2=\alpha\beta\overline{\alpha\beta}=\alpha\beta\overline{\alpha}\,\overline{\beta}=\alpha\overline{\alpha}\beta\overline{\beta}=|\alpha|^2|\beta|^2=(|\alpha||\beta|)^2$

ここで, $|\alpha\beta|\geqq 0$, $|\alpha||\beta|\geqq 0$ より, $|\alpha\beta|=|\alpha||\beta|$ が成り立つ. //

63 複素数 α, β について, 次のことを証明せよ.

(1) $|\alpha|=|\overline{\alpha}|$　　(2) $|\alpha+\beta|^2=|\alpha|^2+\alpha\overline{\beta}+\overline{\alpha}\beta+|\beta|^2$

(3) $\left|\dfrac{\alpha}{\beta}\right|=\dfrac{|\alpha|}{|\beta|}$　($\beta\neq 0$)

Plus

次の例題の左辺のように，根号の中に根号がある形を **2重根号**という．

例題　$a>0$，$b>0$ のとき，次のことを証明せよ．

$$\sqrt{a+b-2\sqrt{ab}}=\left|\sqrt{a}-\sqrt{b}\right|=\begin{cases}\sqrt{a}-\sqrt{b} & (a \geqq b\text{ のとき})\\ \sqrt{b}-\sqrt{a} & (b>a\text{ のとき})\end{cases}$$

解

$$\sqrt{a+b-2\sqrt{ab}}=\sqrt{(\sqrt{a})^2-2\sqrt{a}\sqrt{b}+(\sqrt{b})^2}$$
$$=\sqrt{(\sqrt{a}-\sqrt{b})^2}$$
$$=\left|\sqrt{a}-\sqrt{b}\right|$$

$a \geqq b$ と $a<b$ の場合に分けることにより右側の式が得られる．　//

例 1　$\sqrt{4-2\sqrt{3}}=\sqrt{3+1-2\sqrt{3\cdot 1}}=|\sqrt{3}-\sqrt{1}|=\sqrt{3}-1$

●**注**…このような変形を **2重根号をはずす**という．

64　$a>0$，$b>0$ のとき，次のことを証明せよ．

$$\sqrt{a+b+2\sqrt{ab}}=\sqrt{a}+\sqrt{b}$$

$\sqrt{a}+\sqrt{b}>0$ であることに注意せよ．

65　次の2重根号をはずせ．

(1) $\sqrt{3+2\sqrt{2}}$　(2) $\sqrt{5-2\sqrt{6}}$　(3) $\sqrt{6-\sqrt{32}}$

(4) $\sqrt{7-4\sqrt{3}}$　(5) $\sqrt{2+\sqrt{3}}$　(6) $\sqrt{4-\sqrt{7}}$

$\sqrt{a+b\pm 2\sqrt{ab}}$ の形に変形する（2をつくる）．

66　次の2重根号をはずせ．

(1) $\sqrt{1+x-2\sqrt{x}}$　$(x \geqq 1)$　(2) $\sqrt{1+2\sqrt{a(1-a)}}$　$(0 \leqq a \leqq 1)$

例題　$\sqrt{6+\sqrt{20}}$ の整数部分を x，小数部分を y とするとき，$x+\dfrac{1}{y}$ の値を求めよ．

解　2重根号をはずすと

$$\sqrt{6+\sqrt{20}}=\sqrt{5+1+2\sqrt{5\cdot 1}}=\sqrt{5}+1$$

$2<\sqrt{5}<3$ より $3<\sqrt{5}+1<4$ だから $x=3$，$y=\sqrt{5}+1-3=\sqrt{5}-2$

したがって

$$x+\frac{1}{y}=3+\frac{1}{\sqrt{5}-2}=3+\sqrt{5}+2=5+\sqrt{5}$$　//

67　$\dfrac{5}{\sqrt{7-2\sqrt{6}}}$ の整数部分を a，小数部分を b とするとき，$\dfrac{1}{a}+\dfrac{1}{b}$ の値を求めよ．

2 章 方程式と不等式

1 方程式

まとめ

●2 次方程式の解

方程式 $ax^2+bx+c=0$ (a, b, c は実数で $a \neq 0$) について

- 解の公式　$x=\dfrac{-b \pm \sqrt{b^2-4ac}}{2a}$
- 判別式　$D=b^2-4ac$

  $D>0 \iff$ 異なる 2 つの実数解

  $D=0 \iff$ 2 重解 (実数)

  $D<0 \iff$ 異なる 2 つの虚数解
- 解と係数の関係

  $\alpha+\beta=-\dfrac{b}{a}$,　$\alpha\beta=\dfrac{c}{a}$　(α, β は方程式の解)
- 因数分解

  $ax^2+bx+c=a(x-\alpha)(x-\beta)$　(α, β は方程式の解)

●高次方程式

因数定理や置き換えを利用して解く.

●分数方程式・無理方程式の解法の注意点

もとの方程式の解でない見かけの解（無縁解という）が現れることがある.

●恒等式

$ax^2+bx+c=a'x^2+b'x+c'$ が恒等式 $\iff$ $a=a'$, $b=b'$, $c=c'$

Basic

68　次の方程式を解け．　→教p.37 問・1

(1) $x^2-3x-4=0$　(2) $x^2+3x=0$

(3) $3x^2-7x+2=0$　(4) $8x^2-2x-3=0$

69　次の方程式を解け．　→教p.38 問・2

(1) $x^2+7x+8=0$　(2) $3x^2-5x+1=0$

(3) $x^2+2x-7=0$　(4) $2x^2-2x-3=0$

70　次の方程式を解け．　→教p.38 問・3

(1) $x^2-12x+36=0$　(2) $4x^2+20x+25=0$

71　次の方程式を解け．　→教p.38 問・4

(1) $x^2+5x+7=0$　(2) $2x^2+3x+2=0$

(3) $x^2+4=0$　(4) $3x^2-2x+4=0$

72　次の2次方程式の解を判別せよ．　→教p.39 問・5

(1) $x^2-3x+6=0$　(2) $2x^2-x-5=0$

(3) $9x^2+6x+1=0$

73　次の2次方程式が2重解をもつように定数kの値を定め，そのときの2重解を求めよ．　→教p.39 問・6

(1) $x^2+kx+(k+8)=0$　(2) $4x^2+(k+3)x+k=0$

74　2次方程式$2x^2+8x+1=0$の2つの解をα，βとするとき，次の式の値を求めよ．　→教p.40 問・7

(1) $\alpha^2\beta+\alpha\beta^2$　(2) $\alpha^2+\beta^2$　(3) $\dfrac{1}{\alpha}+\dfrac{1}{\beta}$

75　次の2次式を因数分解せよ．　→教p.41 問・8

(1) x^2-2x-2　(2) x^2-3x+4

(3) $3x^2+2x+1$　(4) $4x^2-8x+1$

76　次の方程式を解け．　→教p.42 問・9

(1) $x^4-7x^2-18=0$　(2) $x^5+8x^3-9x=0$

77　因数定理を用いて，次の方程式を解け．　→教p.42 問・10

(1) $x^3+4x^2+2x-1=0$　(2) $2x^3-x^2-5x-2=0$

78 次の連立1次方程式を解け． →教p.43 問·11

(1) $\begin{cases} 3x-y+z=6 \\ 5x-4y+2z=7 \\ x+3y-z=8 \end{cases}$　(2) $\begin{cases} x+3y=5 \\ 2x+y+z=1 \\ x+2y+3z=6 \end{cases}$

79 次の連立方程式を解け． →教p.44 問·12

(1) $\begin{cases} 2x+y=1 \\ 5x^2-y^2+y=3 \end{cases}$　(2) $\begin{cases} x-y=4 \\ x^2+xy+y^2=13 \end{cases}$

80 次の方程式を解け．ただし，x は実数とする． →教p.45 問·13

(1) $|3x+1|=2$　(2) $|2x-7|-3=0$

81 次の方程式を解け． →教p.45 問·14

(1) $\dfrac{3}{x-1}+\dfrac{4}{x-2}=\dfrac{2x+5}{(x-1)(x-2)}$

(2) $\dfrac{x}{x-3}+\dfrac{1}{x+2}=\dfrac{5x}{x^2-x-6}$

82 次の方程式を解け． →教p.46 問·15

(1) $\sqrt{x-1}=x-3$　(2) $\sqrt{10-x^2}=x+2$

83 次の式が x についての恒等式となるように，定数 a, b, c の値を定めよ． →教p.47 問·16

(1) $3x^2+ax+1=bx^2+5x+c$　(2) $ax^2-3=2x^2+bx+c$

84 次の式が x についての恒等式となるように，定数 a, b, c の値を定めよ． →教p.47 問·17

(1) $2x^2+3x+6=a(x+1)(x+2)+b(x-1)+c$

(2) $x^3+3x^2+4x+a=(x^2+bx+2)(x+c)$

85 次の式が x についての恒等式となるように，定数 a, b, c の値を定めよ． →教p.48 問·18

(1) $\dfrac{1}{(x-1)(x-3)}=\dfrac{a}{x-1}+\dfrac{b}{x-3}$

(2) $\dfrac{8x+1}{x^3-1}=\dfrac{a}{x-1}+\dfrac{bx+c}{x^2+x+1}$

86 次の等式が成り立つことを証明せよ． →教p.49 問·19

$$x^3+y^3=(x+y)^3-3xy(x+y)$$

87 $a+b+c=0$ のとき，$a^2+ac=b^2+bc$ を証明せよ． →教p.49 問·20

Check

88　次の方程式を解け.

(1) $6x^2+x-12=0$　　(2) $3x^2+4x+2=0$

(3) $x^2-2\sqrt{3}x+3=0$　　(4) $2x^2=7x-4$

(5) $x^2+2x-\dfrac{5}{3}=0$　　(6) $\dfrac{1}{3}x^2-\dfrac{1}{2}x+\dfrac{1}{4}=0$

89　次の方程式を解け.

(1) $x^4-10x^2+9=0$　　(2) $x^3-5x+2=0$

(3) $|4x-3|=5$　　(4) $1-2x=\sqrt{4-3x}$

(5) $\dfrac{3x}{x+1}-\dfrac{2}{x+3}=\dfrac{6x}{(x+1)(x+3)}$

90　次の連立方程式を解け.

(1) $\begin{cases} 2x-y+z=1 \\ 3x-2y-2z=3 \\ x+2y+3z=8 \end{cases}$　　(2) $\begin{cases} 3x+y=1 \\ 4x^2+xy+y^2=6 \end{cases}$

91　2次方程式 $x^2-(k+4)x+(2k+5)=0$ が2重解をもつように定数 k の値を定め，そのときの2重解を求めよ.

92　2次方程式 $3x^2-2x+1=0$ の解を α，β とするとき，次の式の値を求めよ.

(1) $\alpha^2+\beta^2$　　(2) $\alpha^3+\beta^3$

93　次の2次式を因数分解せよ.

(1) x^2-x+1　　(2) $3x^2+8x+3$

94　次の式が x についての恒等式となるように，定数 a，b，c の値を定めよ.

(1) $2x^2+3x+a=b(x+1)^2+c(x+1)$

(2) $\dfrac{3x-1}{x^2+2x+1}=\dfrac{a}{x+1}+\dfrac{b}{(x+1)^2}$

95　次の等式を証明せよ.

$$(x^3+1)(x^2+x+1)=(x+1)(x^4+x^2+1)$$

96　$x+y+z=0$ のとき，次の等式を証明せよ.

$$(x+y)(y+z)(z+x)=-xyz$$

Step up

例題 次の連立方程式を解け.

(1) $\begin{cases} \dfrac{x}{3}=\dfrac{y}{5}=\dfrac{z}{2} \\ 2x-3y+z+7=0 \end{cases}$　　(2) $\begin{cases} x^2+\dfrac{y^2}{4}=5 \\ xy=4 \end{cases}$

解 (1) $\dfrac{x}{3}=\dfrac{y}{5}=\dfrac{z}{2}=k$ とおくと　$x=3k,\ y=5k,\ z=2k$

第 2 式に代入して　$6k-15k+2k+7=0$　$\therefore$　$k=1$

よって　$x=3,\ y=5,\ z=2$

(2) 第 2 式より，$y=\dfrac{4}{x}$　となるから，第 1 式に代入して　$x^2+\dfrac{4}{x^2}=5$

$x^4-5x^2+4=0$ を解いて $x=\pm1, \pm2$

よって　$\begin{cases} x=\pm1 \\ y=\pm4 \end{cases}$（複号同順），$\begin{cases} x=\pm2 \\ y=\pm2 \end{cases}$（複号同順）　//

97 次の連立方程式を解け.

(1) $\begin{cases} \dfrac{x}{2}=\dfrac{y}{3}=\dfrac{z}{4} \\ x^2+y-3z+2=0 \end{cases}$　　(2) $\begin{cases} x^2+y^2=16 \\ y=x^2-4 \end{cases}$

例題 次の方程式を解け.

$$x^4-3x^2+1=0$$

解 $x^4-3x^2+1=(x^2-1)^2-x^2=(x^2-1+x)(x^2-1-x)=0$ より

$x^2+x-1=0$ または $x^2-x-1=0$

よって　$x=\dfrac{-1\pm\sqrt{5}}{2},\ \dfrac{1\pm\sqrt{5}}{2}$　//

98 次の方程式を解け.

(1) $x^4-6x^2+1=0$　　(2) $x^4+x^2+1=0$

例題 次の方程式を解け.

(1) $\dfrac{3x-1}{x^2-1}+\dfrac{x+7}{x^2+3x+2}-\dfrac{3x}{x^2+x-2}=\dfrac{x}{x+2}$

(2) $\sqrt{3x-2}-\sqrt{x+3}=1$

解 (1) 両辺に $(x-1)(x+1)(x+2)$ を掛けると

$(3x-1)(x+2)+(x+7)(x-1)-3x(x+1)=x(x+1)(x-1)$

$x^3-x^2-9x+9=0$　$\therefore$　$(x-1)(x+3)(x-3)=0$

よって　$x=1,\ \pm3$

このうち 1 は無縁解だから，求める解は　$x = \pm 3$

(2) $-\sqrt{x+3}$ を移項して，$\sqrt{3x-2} = \sqrt{x+3} + 1$ より両辺を 2 乗すると

$3x - 2 = (\sqrt{x+3} + 1)^2$

右辺を展開して整理すると　$x - 3 = \sqrt{x+3}$

さらに両辺を 2 乗すると

$(x-3)^2 = x + 3$

これを解いて　$x = 1,\ 6$

このうち 1 は無縁解だから，求める解は　$x = 6$　//

99 次の方程式を解け．

(1) $\dfrac{3}{x^2 - 3x} - \dfrac{x+2}{x^2 + x} - \dfrac{17x+1}{x^2 - 2x - 3} = \dfrac{3x}{x+1}$

(2) $\sqrt{3x-5} + 10 = 2x$　　(3) $\sqrt{x-1} + 2 = \sqrt{2x+5}$

100 流れの速さが毎時 3 km の川の 60 km 離れた 2 つの地点を船で往復したとき，上りは下りよりも 5 時間多くかかった．この船の静水での速さを求めよ．ただし，静水での船の速さは一定とする．

例題 $a : b = c : d$ のとき，次の等式を証明せよ．

$$\frac{a+b}{b} = \frac{c+d}{d}$$

解 $\dfrac{a}{b} = \dfrac{c}{d} = k$ とおくと　$a = bk,\ c = dk$

これを証明すべき等式の各辺に代入して

$$左辺 = \frac{bk+b}{b} = \frac{b(k+1)}{b} = k+1$$

$$右辺 = \frac{dk+d}{d} = \frac{d(k+1)}{d} = k+1$$

$\therefore$　左辺=右辺　//

101 $\dfrac{x}{b-c} = \dfrac{y}{c-a} = \dfrac{z}{a-b}$ のとき，次の等式を証明せよ．

$$(b+c)x + (c+a)y + (a+b)z = 0$$

例題 方程式 $2x^3 + ax^2 + bx + 3 = 0$ の 2 つの解が 1 と 3 のとき，残りの解を求めよ．

解 $2x^3 + ax^2 + bx + 3$ は $(x-1)(x-3)$ で割り切れるから

$$2x^3 + ax^2 + bx + 3 = (x-1)(x-3)(2x+c)$$

とおくことができる．よって

$$2x^3 + ax^2 + bx + 3 = 2x^3 + (c-8)x^2 + (-4c+6)x + 3c$$

係数を比較すると

$$a = c - 8,\ b = -4c + 6,\ 3 = 3c$$

これを解いて　$a = -7,\ b = 2,\ c = 1$　よって，残りの解は　$-\dfrac{1}{2}$　//

●注…方程式に $x = 1,\ 3$ を代入し，$a,\ b$ を求め，残りの解を求める解法もある．

102 方程式 $x^4 - 4ax^3 + bx^2 + ax - 24 = 0$ の 2 つの解が $-1,\ 2$ のとき，$a,\ b$ の値を求めよ．また，残りの解を求めよ．

103 整式 $x^3 + 2x^2 + ax + b$ が $(x-1)^2$ で割り切れるように定数 $a,\ b$ の値を定めよ．

例題 3 乗して 1 になる虚数の 1 つを ω とするとき，次を証明せよ．

(1) 方程式 $x^3 = 1$ の解は $1,\ \omega,\ \omega^2$　　(2) $\omega^2 + \omega + 1 = 0$

解 (1) $x^3 = 1$ より　$(x-1)(x^2 + x + 1) = 0$

よって　$x = 1,\ x = \dfrac{-1 \pm \sqrt{3}i}{2}$

$$\omega = \frac{-1 + \sqrt{3}i}{2} \text{ のとき }\ \omega^2 = \frac{1 - 2\sqrt{3}i - 3}{4} = \frac{-1 - \sqrt{3}i}{2}$$

$$\omega = \frac{-1 - \sqrt{3}i}{2} \text{ のとき }\ \omega^2 = \frac{1 + 2\sqrt{3}i - 3}{4} = \frac{-1 + \sqrt{3}i}{2}$$

したがって，$x^3 = 1$ の解は $1,\ \omega,\ \omega^2$ である．

(2) ω は $x^2 + x + 1 = 0$ の解だから　$\omega^2 + \omega + 1 = 0$　//

104 3 乗して 1 になる虚数の 1 つを ω とするとき，次の値を求めよ．

(1) ω^{12}　　(2) $\omega^8 + \omega^4$

2 不等式

まとめ

●不等式の基本性質

- $a > b \iff a - b > 0$
- $a > b,\ \ b > c \implies a > c$

  $a > b \implies a + c > b + c,\ \ a - c > b - c$

  $a > b$ のとき　$c > 0 \implies ac > bc,\ \ \dfrac{a}{c} > \dfrac{b}{c}$

  　　　　　　$c < 0 \implies ac < bc,\ \ \dfrac{a}{c} < \dfrac{b}{c}$

●1次不等式の解法

$a > 0$ のとき　$ax > b \iff x > \dfrac{b}{a}$　　$ax < b \iff x < \dfrac{b}{a}$

$a < 0$ のとき　$ax > b \iff x < \dfrac{b}{a}$　　$ax < b \iff x > \dfrac{b}{a}$

●2次不等式の解法　$\alpha < \beta$ とする.

$(x - \alpha)(x - \beta) > 0$　の解は　$x < \alpha,\ x > \beta$

$(x - \alpha)(x - \beta) < 0$　の解は　$\alpha < x < \beta$

●相加平均と相乗平均の関係

$a > 0,\ b > 0$ のとき $\dfrac{a+b}{2} \geqq \sqrt{ab}$　(等号が成り立つのは $a = b$ のとき)

●集合　U を全体集合, A, B を U の部分集合とする.

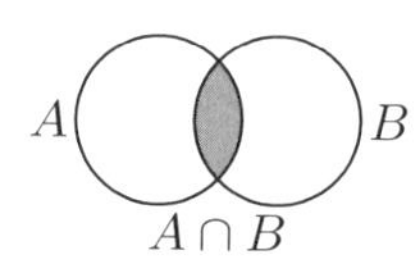

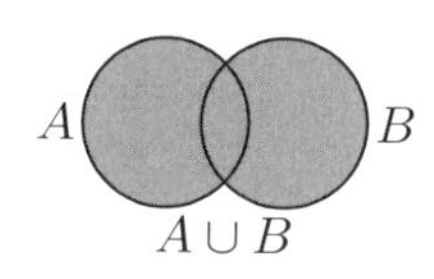

- 共通部分 $A \cap B \cdots$ A と B に共通な要素の集合
- 和集合 $A \cup B \cdots$ A, B の少なくとも一方に含まれる要素の集合
- 補集合 $\overline{A} \cdots$ 全体集合 U の要素のうち, A に属さない要素の集合
- ド・モルガンの法則　　$\overline{A \cup B} = \overline{A} \cap \overline{B}$,　$\overline{A \cap B} = \overline{A} \cup \overline{B}$

●命題

- 命題 $p \longrightarrow q$ が真のとき, $p \implies q$ と書き, p は q のための十分条件, q は p のための必要条件という.
- $p \implies q,\ q \implies p$ のとき, $p \iff q$ と書き, p は q のための必要十分条件, または, p と q は同値であるという.
- p, q の否定をそれぞれ $\bar{p}, \bar{q}$ で表す. 命題 $p \longrightarrow q$ に対して

  $q \longrightarrow p$ を逆, $\bar{p} \longrightarrow \bar{q}$ を裏, $\bar{q} \longrightarrow \bar{p}$ を対偶という.
- もとの命題の真偽と対偶の真偽は一致する.

Basic

105 次の 1 次不等式を解け. →教 p.54 問・1

(1) $5x-1 \geqq x+3$　　(2) $4x-3<6x+5$

(3) $3(x+2) \leqq 7-2x$　　(4) $\dfrac{5x-1}{2}>x+4$

106 みかんが 1 個 30 円の値段であるが，40 個入り 1 箱の値段は 1150 円である．所持金が 1600 円であるとき，何個までみかんを買うことができるか. →教 p.54 問・2

107 次の連立不等式を解け. →教 p.55 問・3

(1) $\begin{cases} 3x+4>x-2 \\ x+2 \geqq 4x-1 \end{cases}$　　(2) $\begin{cases} 4(x-1)<3x-1 \\ \dfrac{1}{2}x+1<\dfrac{x+4}{3} \end{cases}$

108 次の 2 次不等式を解け. →教 p.56 問・4

(1) $x^2-4x+3<0$　　(2) $x^2-25 \geqq 0$

(3) $3x^2+5x-2 \leqq 0$　　(4) $-4x^2+4x+3<0$

109 次の不等式を解け. →教 p.57 問・5

(1) $(x+1)(x-2)(x-3) \leqq 0$　　(2) $x^3-3x^2-6x+8>0$

110 $a \leqq -2$ のとき，$a^2 \geqq 4$ が成り立つことを証明せよ．また，等号が成り立つ場合を調べよ. →教 p.58 問・6

111 $a>b$, $c<d$ のとき，$a-c>b-d$ が成り立つことを証明せよ. →教 p.59 問・7

112 次の不等式を証明せよ．また，等号が成り立つ場合を調べよ. →教 p.59 問・8

$$x^2+4y^2 \geqq 4xy$$

113 次の不等式を証明せよ. →教 p.59 問・9

(1) $x^2-8x+16 \geqq 0$　　(2) $x^2+4x+5>0$

114 $a>0$, $b>0$ のとき，次の不等式を証明せよ．また，等号が成り立つ場合を調べよ. →教 p.60 問・10

(1) $\dfrac{a}{2}+\dfrac{1}{2a} \geqq 1$　　(2) $\dfrac{b}{2a}+\dfrac{2a}{b} \geqq 2$

115 自然数全体を全体集合とするとき，$A=\{x \mid x^2 \geqq 9\}$ の補集合 $\overline{A}$ を求めよ. →教 p.63 問・11

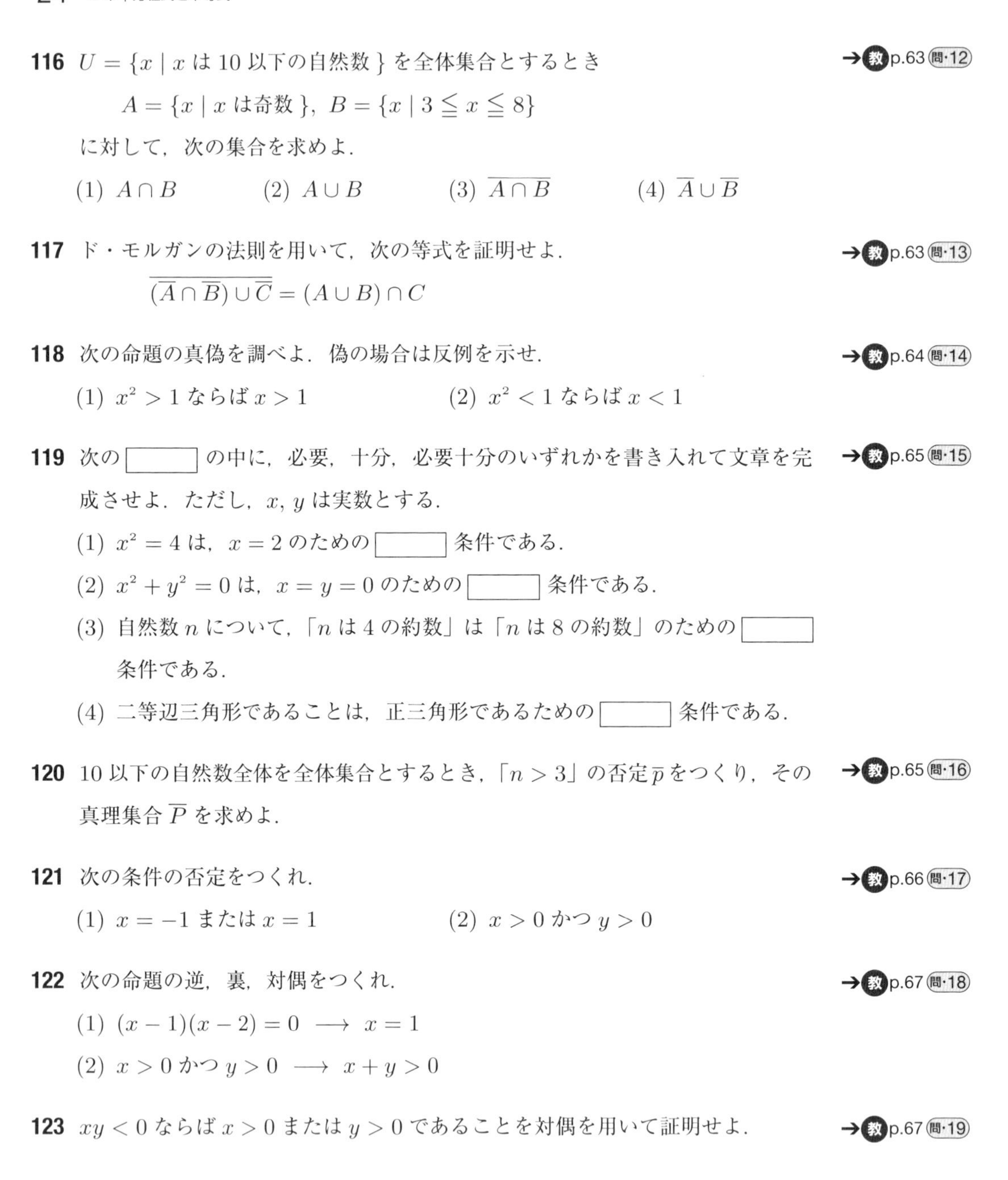

116 $U = \{x \mid x$ は 10 以下の自然数 $\}$ を全体集合とするとき ➔教 p.63 問・12

$A = \{x \mid x$ は奇数 $\}$, $B = \{x \mid 3 \leqq x \leqq 8\}$

に対して，次の集合を求めよ．

(1) $A \cap B$　　(2) $A \cup B$　　(3) $\overline{A \cap B}$　　(4) $\overline{A} \cup \overline{B}$

117 ド・モルガンの法則を用いて，次の等式を証明せよ． ➔教 p.63 問・13

$\overline{(\overline{A} \cap \overline{B}) \cup \overline{C}} = (A \cup B) \cap C$

118 次の命題の真偽を調べよ．偽の場合は反例を示せ． ➔教 p.64 問・14

(1) $x^2 > 1$ ならば $x > 1$　　(2) $x^2 < 1$ ならば $x < 1$

119 次の □ の中に，必要，十分，必要十分のいずれかを書き入れて文章を完成させよ．ただし，x, y は実数とする． ➔教 p.65 問・15

(1) $x^2 = 4$ は，$x = 2$ のための □ 条件である．

(2) $x^2 + y^2 = 0$ は，$x = y = 0$ のための □ 条件である．

(3) 自然数 n について，「n は 4 の約数」は「n は 8 の約数」のための □ 条件である．

(4) 二等辺三角形であることは，正三角形であるための □ 条件である．

120 10 以下の自然数全体を全体集合とするとき，「$n > 3$」の否定 $\overline{p}$ をつくり，その真理集合 $\overline{P}$ を求めよ． ➔教 p.65 問・16

121 次の条件の否定をつくれ． ➔教 p.66 問・17

(1) $x = -1$ または $x = 1$　　(2) $x > 0$ かつ $y > 0$

122 次の命題の逆，裏，対偶をつくれ． ➔教 p.67 問・18

(1) $(x-1)(x-2) = 0 \longrightarrow x = 1$

(2) $x > 0$ かつ $y > 0 \longrightarrow x + y > 0$

123 $xy < 0$ ならば $x > 0$ または $y > 0$ であることを対偶を用いて証明せよ． ➔教 p.67 問・19

Check

124 次の 1 次不等式を解け.

(1) $3x+4<5x-8$　　(2) $\dfrac{2x+1}{3} \leqq \dfrac{1}{4}x+2$

125 次の連立不等式を解け.

$$\begin{cases} 4x-3>x-5 \\ \dfrac{2}{3}x+\dfrac{1}{6} \leqq \dfrac{1}{2}x+1 \end{cases}$$

126 次の不等式を解け.

(1) $x^2+3x-4 \leqq 0$　　(2) $3x^2-8x+4>0$

(3) $x(x-1)(x-2) \geqq 0$　　(4) $2x^3-x^2-2x+1<0$

127 2 次方程式 $x^2+(m+3)x+4m=0$ が異なる 2 つの実数解をもつように定数 m の値の範囲を定めよ.

128 $a>b>0$ のとき, $\dfrac{1}{b}>\dfrac{1}{a}$ が成り立つことを証明せよ.

129 次の不等式を証明せよ. また, 等号が成り立つ場合を調べよ.

(1) $(x^2+1)(y^2+1) \geqq (xy+1)^2$　　(2) $x^2-2xy+2y^2 \geqq 0$

130 $U=\{x \mid x$ は 10 以下の自然数$\}$ を全体集合とするとき

$A=\{x \mid x$ は偶数$\}$, $B=\{2,\ 5,\ 7,\ 8\}$

に対して, 次の集合を求めよ.

(1) $A \cap \overline{B}$　　(2) $\overline{A \cup B}$

131 次の □ の中に, 必要, 十分, 必要十分のいずれかを書き入れて文章を完成させよ.

(1) $x=y=0$ は, $xy=0$ のための □ 条件である.

(2) $x^2=0$ は, $x=0$ のための □ 条件である.

(3) $x^2-3x+2>0$ は, $x>2$ のための □ 条件である.

132 次の命題の逆, 裏, 対偶をつくり, それらの真偽をいえ.

$xy>0 \longrightarrow x>0$ かつ $y>0$

Step up

例題 次の連立不等式を解け.

(1) $2x-5<x+3<3x+7$　　(2) $\begin{cases} x^2-2x-8 \leqq 0 \\ 3x-5>0 \end{cases}$

解 (1) 次の連立不等式を解けばよい.

$$\begin{cases} 2x-5<x+3 & ① \\ x+3<3x+7 & ② \end{cases}$$

①を解くと　$x<8$

②を解くと　$x>-2$

よって，求める解は　$-2<x<8$

(2) $x^2-2x-8 \leqq 0$ を解くと，$(x+2)(x-4) \leqq 0$ より　$-2 \leqq x \leqq 4$

$3x-5>0$ を解くと　$x>\dfrac{5}{3}$

よって，求める解は2つの解の共通部分をとって　$\dfrac{5}{3}<x \leqq 4$　//

$A<B<C$ は $\begin{cases} A<B \\ B<C \end{cases}$ と同値

133 次の連立不等式を解け.

(1) $x-2 \leqq 4x+1 \leqq 2(x+3)$　　(2) $\begin{cases} x^2-9x+8 \leqq 0 \\ \dfrac{1}{2}x+3<x \end{cases}$

134 不等式 $x^2<4x+12$ の解の集合を A，不等式 $x^2+5x \leqq 0$ の解の集合を B とする．このとき，次の集合を求めよ.

(1) $A \cap B$　　(2) $A \cup B$

例題 次の不等式を解け.

(1) $\dfrac{x+3}{x-2}>2$　　(2) $|x-2|<5$

解 (1) $(x-2)^2>0$ だから，両辺に $(x-2)^2$ を掛けると

$$(x+3)(x-2)>2(x-2)^2$$

逆に，上の不等式の両辺を $(x-2)^2$ で割ると与えられた不等式が得られるから，この2次不等式を解けばよい.

移項してまとめると　$(x-2)(x-7)<0$

よって，求める解は　$2<x<7$

両辺に $x-2$ を掛けた場合 $x-2>0$, $x-2<0$ の場合分けが必要となる

(2) $x-2 \geqq 0$ すなわち $x \geqq 2$ のとき

$x-2<5$ となるから　$x<7$　$\therefore$　$2 \leqq x<7$

$x-2<0$ すなわち　$x<2$ のとき

$-(x-2)<5$ となるから　$x>-3$　$\therefore$　$-3<x<2$

よって，求める解は　$-3<x<7$　//

$|A|= \begin{cases} A & (A \geqq 0) \\ -A & (A \leqq 0) \end{cases}$

 $|x-2|<5 \iff -5<x-2<5 \iff -3<x<7$

135 次の不等式を解け．

(1) $\dfrac{x-1}{x^2-x-2}>0$　　(2) $\dfrac{2}{x-1}>\dfrac{1}{x+1}$

136 次の不等式を解け．

(1) $|x-7|>5x+2$　　(2) $|x-2|+|x-3|>5$

例題 a を定数とするとき，次の 2 次不等式を解け．

$$x^2-(2a+1)x+a(a+1)>0$$

解 左辺を因数分解して　$(x-a)\{x-(a+1)\}>0$

$a<a+1$ より　$x<a,\ x>a+1$　//

左辺 $=0$ となる方程式の解の大小を比べる

137 a を定数とするとき，次の問いに答えよ．

(1) a^2+1 と $a-a^2$ の大小を調べよ．

(2) 2 次不等式 $x^2+(a+1)x-a(a-1)(a^2+1)<0$ を解け．

138 2 次方程式 $x^2-3x-(k+1)(k-2)=0$ の解がともに 3 より小さくなるように定数 k の値の範囲を定めよ．

例題 面積が一定の長方形のうち，周の長さが最小になる長方形は正方形であることを証明せよ．

解 2 辺の長さを $a,\ b$，周の長さを l，面積を S とすると

$$\frac{a+b}{2} \geqq \sqrt{ab} \quad \text{すなわち} \quad \frac{l}{4} \geqq \sqrt{S} \quad (\text{等号成立は } a=b \text{ のとき})$$

S は定数で，$l \geqq 4\sqrt{S}$ が成り立つから，l は $a=b$ のとき最小値 $4\sqrt{S}$ をとる．

よって，周の長さが最小になる長方形は正方形である．　//

相加平均・相乗平均の関係 $\dfrac{a+b}{2} \geqq \sqrt{ab}$ を用いる

139 周の長さが一定の長方形のうち，面積が最大になる長方形は正方形であることを証明せよ．

Plus

2次の連立方程式と，その解法を次の例題で示す．

例題 次の連立方程式を解け．

$$\begin{cases} x^2 + xy - 6y^2 = 0 & ① \\ x^2 - xy + 2y^2 = 28 & ② \end{cases}$$

解 ①を解くと，$(x-2y)(x+3y)=0$ より　$x=2y$ または $x=-3y$

$x=2y$ のとき　②に代入して　$y^2=7$　$\therefore$　$y=\pm\sqrt{7}$

よって　$x = 2\cdot(\pm\sqrt{7}) = \pm 2\sqrt{7}$

$x=-3y$ のとき　②に代入して　$y^2=2$　$\therefore$　$y=\pm\sqrt{2}$

よって　$x = -3\cdot(\pm\sqrt{2}) = \mp 3\sqrt{2}$

したがって，求める解は

$$\begin{cases} x = \pm 2\sqrt{7} \\ y = \pm\sqrt{7} \end{cases} (\text{複号同順}),\quad \begin{cases} x = \pm 3\sqrt{2} \\ y = \mp\sqrt{2} \end{cases} (\text{複号同順})$$ //

右辺$=0$ である方程式を解く

140 次の連立方程式を解け．

(1) $\begin{cases} x^2 - xy - 6y^2 = 0 \\ x^2 - 2y^2 = 4 \end{cases}$　(2) $\begin{cases} 3x^2 - 5xy + 2y^2 = 17 \\ x^2 + 4xy - 5y^2 = 0 \end{cases}$

(3) $\begin{cases} x(x-y) = 12 \\ x(x+y) = 60 \end{cases}$　(4) $\begin{cases} 2x^2 - xy = 12 \\ 2xy + y^2 = 16 \end{cases}$

(3) 辺々加えて y を消去せよ．
(4)第1式×4－第2式×3により定数項を消去せよ

例題 x，y，z が実数のとき，次の不等式を証明せよ．

$$x^2 + y^2 + z^2 \geqq xy + yz + zx$$

解

$$\begin{aligned} \text{左辺} - \text{右辺} &= x^2 + y^2 + z^2 - xy - yz - zx \\ &= \frac{1}{2}(2x^2 + 2y^2 + 2z^2 - 2xy - 2yz - 2zx) \\ &= \frac{1}{2}\{(x^2 - 2xy + y^2) + (y^2 - 2yz + z^2) + (z^2 - 2zx + x^2)\} \\ &= \frac{1}{2}\{(x-y)^2 + (y-z)^2 + (z-x)^2\} \geqq 0 \end{aligned}$$

よって　$x^2 + y^2 + z^2 \geqq xy + yz + zx$ //

141 a，b，c，x，y，z が実数のとき，次の不等式を証明せよ．

$$(a^2 + b^2 + c^2)(x^2 + y^2 + z^2) \geqq (ax + by + cz)^2$$

例題 a, x, y, が実数のとき，次の問いに答えよ．

(1) $-|a| \leqq a \leqq |a|$ が成り立つことを証明せよ．

(2) $x^2 \leqq y^2$ のとき，$|x| \leqq |y|$ が成り立つことを証明せよ．また，逆も成り立つことを証明せよ．

解 (1) $a \geqq 0$ のとき　$-|a| \leqq 0 \leqq a = |a|$

$a < 0$ のとき　$-|a| = a < 0 < |a|$

よって　$-|a| \leqq a \leqq |a|$

(2) $x^2 = |x|^2$, $y^2 = |y|^2$ より

$$y^2 - x^2 = |y|^2 - |x|^2 = (|y| - |x|)(|y| + |x|)$$

$|x| \geqq 0$, $|y| \geqq 0$ より，$|y| + |x| \geqq 0$

よって，$x^2 \leqq y^2$ のとき，$y^2 - x^2 \geqq 0$ だから

$|y| - |x| \geqq 0$　すなわち　$|x| \leqq |y|$

逆に $|x| \leqq |y|$ のとき，$|y| - |x| \geqq 0$ だから

$y^2 - x^2 \geqq 0$　すなわち　$x^2 \leqq y^2$　//

142 a, b が実数のとき，次の不等式を証明せよ．

$$\big||a| - |b|\big| \leqq |a + b| \leqq |a| + |b|$$

3章 関数とグラフ

1 2次関数

まとめ

●$y = ax^2$ $(a \neq 0)$ のグラフ

y 軸に関して対称な放物線で，$a > 0$ のとき下に凸，$a < 0$ のとき上に凸

●$y = ax^2 + bx + c$ のグラフと最大・最小

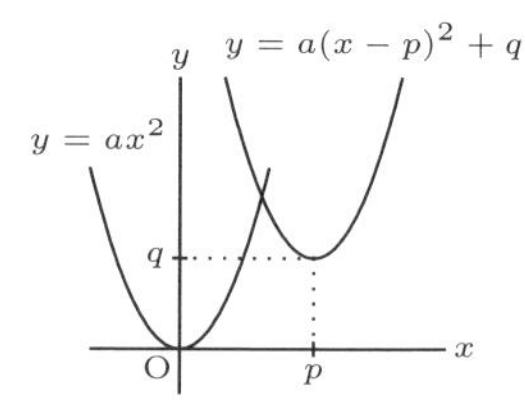

- 標準形　$y = a(x-p)^2 + q$　$\left(p = -\dfrac{b}{2a},\ q = -\dfrac{b^2 - 4ac}{4a}\right)$
- $y = ax^2$ のグラフを x 軸方向に p，y 軸方向に q 平行移動した放物線
- 軸は直線 $x = p$，頂点は $(p,\ q)$
- $a > 0$ のとき，$x = p$ で最小値 q をとり，最大値はなし
  $a < 0$ のとき，$x = p$ で最大値 q をとり，最小値はなし
- 与えられた定義域で最大値・最小値を求める場合，グラフは放物線の一部になるから，頂点が含まれるかどうかに注意する．

●2次方程式の解

- 方程式 $ax^2 + bx + c = 0$ の解
  $\Longleftrightarrow$ 関数 $y = ax^2 + bx + c$ のグラフと x 軸との共有点の x 座標
- $ax^2 + bx + c = 0$ の判別式を D とするとき
  $D > 0 \Longleftrightarrow$ 交わる　$D = 0 \Longleftrightarrow$ 接する　$D < 0 \Longleftrightarrow$ 共有点なし

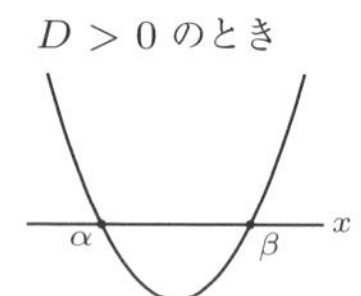

●2次不等式の解

- 不等式 $ax^2 + bx + c > 0$ の解
  $\Longleftrightarrow$ 関数 $y = ax^2 + bx + c$ のグラフが x 軸の上側にある x の範囲
- $ax^2 + bx + c = 0$ $(a > 0)$ の判別式を D とし，$ax^2 + bx + c = 0$ の解を $\alpha,\ \beta$ とおく．ただし，$D > 0$ のとき，$\alpha < \beta$ とする．

$D = 0$ のとき

α　x

	$ax^2 + bx + c > 0$	$ax^2 + bx + c < 0$
$D > 0$	$x < \alpha,\ x > \beta$	$\alpha < x < \beta$
$D = 0$	$\alpha(=\beta)$ 以外のすべての実数	解なし
$D < 0$	すべての実数	解なし

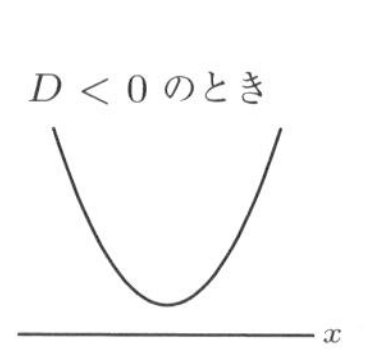

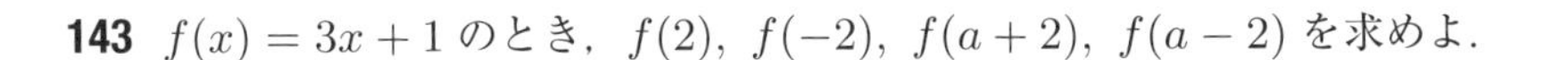

Basic

143 $f(x)=3x+1$ のとき，$f(2)$，$f(-2)$，$f(a+2)$，$f(a-2)$ を求めよ．　→教 p.72 問・1

144 次の関数の（　）内の定義域に対する値域を求めよ．　→教 p.74 問・2

(1) $y=2x+1\ (-1 \leqq x \leqq 2)$　　(2) $y=-2x+4\ (-1 \leqq x \leqq 1)$

145 次の関数のグラフをかけ．また，軸と頂点の座標を求めよ．　→教 p.76 問・3

(1) $y=x^2-1$　　(2) $y=-(x-1)^2$

(3) $y=3(x+1)^2-2$　　(4) $y=-\dfrac{1}{2}(x-2)^2+2$

146 放物線 $y=2x^2$ を次のように平行移動した放物線の方程式を求めよ．　→教 p.77 問・4

(1) x 軸方向に 3　　(2) x 軸方向に 1，y 軸方向に 2

(3) x 軸方向に -2，y 軸方向に -1

147 次の 2 次関数を標準形に直し，グラフをかけ．　→教 p.77 問・5

(1) $y=x^2-2x+1$　　(2) $y=2x^2-4x+3$

(3) $y=-x^2+4x-3$　　(4) $y=x^2-x-2$

(5) $y=-\dfrac{1}{2}x^2+x$　　(6) $y=-2x^2-3x+2$

148 2 次関数 $y=a(x-p)^2+q$ で表される放物線で，次の条件を満たすものを求めよ．　→教 p.78 問・6

(1) 頂点が $(3,\ 5)$ で点 $(0,\ -4)$ を通る．

(2) 頂点が y 軸上にあり，2 点 $(-1,\ 1)$，$(2,\ -5)$ を通る．

(3) 直線 $x=2$ を軸とし，2 点 $(0,\ 5)$，$(3,\ 2)$ を通る．

149 次の条件を満たし，y 軸に平行な軸をもつ放物線の方程式を求めよ．また，軸と頂点を求め，グラフをかけ．　→教 p.78 問・7

(1) 3 点 $(1,\ 0)$，$(0,\ 3)$，$(2,\ -1)$ を通る．

(2) x 軸と 2 点 $(3,\ 0)$，$(-2,\ 0)$ で交わり，y 軸と点 $(0,\ 6)$ で交わる．

$y=a(x-3)(x+2)$ としてもよい．

150 次の 2 次関数の最大値または最小値を求めよ．　→教 p.80 問・8

(1) $y=x^2-4x+8$　　(2) $y=-x^2+6x-1$

(3) $y=\dfrac{1}{2}x^2-2x$　　(4) $y=-3x^2+6x+2$

151 次の関数について，(　) 内の定義域における最大値と最小値を求めよ．→教p.80 問·9

(1) $y = x^2 - 4x$　　$(0 \leqq x \leqq 3)$

(2) $y = x^2 - 6x + 7$　　$(0 \leqq x \leqq 2)$

(3) $y = -x^2 + 2x + 2$　　$(-1 \leqq x \leqq 1)$

(4) $y = 2x^2 - 8x + 5$　　$(0 \leqq x \leqq 4)$

(5) $y = -\dfrac{x^2}{2} - x + 3$　　$(-2 \leqq x \leqq 2)$

(6) $y = 2(x-1)(x-2)$　　$(0 \leqq x \leqq 2)$

152 底辺の長さと高さの和が 8 cm である三角形の底辺の長さを x cm とするとき，三角形の面積が最大となる x の値とその最大値を求めよ．→教p.80 問·10

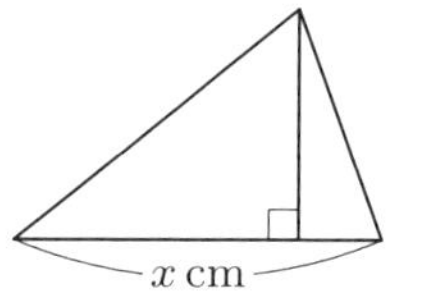

153 次の 2 次関数のグラフと x 軸との共有点を調べよ．また，共有点をもつときは，その x 座標を求めよ．→教p.83 問·11

(1) $y = 2x^2 + 5x + 1$　　(2) $y = 3x^2 - 7x + 5$

(3) $y = \dfrac{1}{3}x^2 - 2x + 3$

154 次の 2 次関数のグラフが (　) 内の条件を満たすように，定数 k の値または値の範囲を定めよ．→教p.83 問·12

(1) $y = x^2 + 3x + k$　　(x 軸と 2 点で交わる)

(2) $y = 4x^2 - 2kx + 9$　　(x 軸と接する)

(3) $y = kx^2 + x - 1$　　(x 軸と共有点をもたない)

155 次の 2 次不等式を解け．→教p.85 問·13

(1) $x^2 + 4x + 3 \geqq 0$　　(2) $x^2 - 2x - 1 < 0$

(3) $x^2 - 6x + 9 > 0$　　(4) $4x^2 - 12x + 9 < 0$

(5) $-x^2 + x - \dfrac{1}{4} \leqq 0$　　(6) $\dfrac{1}{2}x^2 - 4x + 8 \leqq 0$

(7) $-4x^2 + 6x - 3 < 0$　　(8) $2x^2 - 4x + 3 \leqq 0$

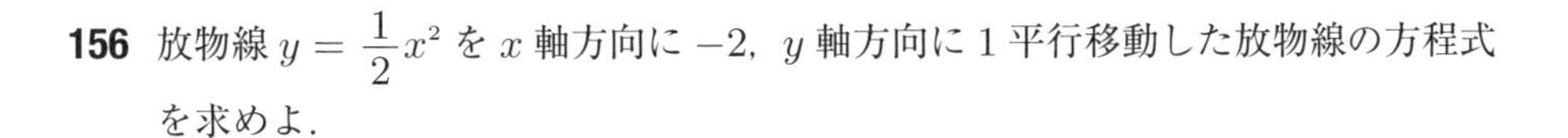

156 放物線 $y=\dfrac{1}{2}x^2$ を x 軸方向に -2，y 軸方向に 1 平行移動した放物線の方程式を求めよ．

157 2 次関数 $y=x^2+3x$ を標準形に直せ．また，軸と頂点の座標を求め，グラフをかけ．

158 次の条件を満たし，y 軸に平行な軸をもつ放物線の方程式を求めよ．

(1) 頂点が $(2,\ -5)$ で，点 $(0,\ 7)$ を通る．

(2) 軸が直線 $x=-1$ で，2 点 $(0,1)$, $(-3,7)$ を通る．

(3) 3 点 $(1,\ 0)$, $(0,\ 1)$, $(2,\ 3)$ を通る．

159 放物線 $y=x^2+2x-3$ を次のように移動した放物線の方程式を求めよ．

(1) y 軸に関して対称移動　　(2) 原点に関して対称移動

160 放物線 $y=-x^2+6x+1$ は，放物線 $y=-x^2-2x+3$ をどのように平行移動したものか．

161 2 次関数 $y=-x^2+4x+1$ について，次の定義域における最大値と最小値を求めよ．

(1) $-1 \leqq x \leqq 1$　　(2) $1 \leqq x \leqq 3$

162 幅 16 cm の細長い銅板がある．この銅板の両端から同じ長さのところを折り曲げて雨どいを作る．雨どいの断面積を最大にするためには，折り曲げる部分の幅を何 cm にすればよいか．ただし，銅板の厚さは考えないものとする．

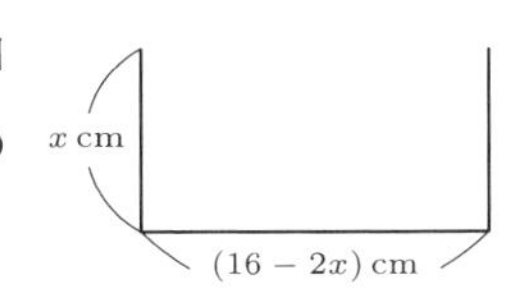

163 2 次関数 $y=x^2-6x-k$ のグラフが x 軸に関して次の関係にあるように，定数 k の値または値の範囲を定めよ．

(1) 2 点で交わる　　(2) 接する　　(3) 共有点をもたない

164 次の 2 次不等式を解け．

(1) $2x^2-3x-2 \leqq 0$　　(2) $x^2+8x+16 \geqq 0$　　(3) $3x^2+6x+4<0$

Step up

例題 グラフが2点 (0, 2), (6, 8) を通り，x 軸に接する2次関数を求めよ．

解 求める2次関数を $y=a(x-p)^2$ とおくと　$2=ap^2$, $8=a(6-p)^2$

a を消去すると　$4=\dfrac{(6-p)^2}{p^2}$　したがって　$\dfrac{6-p}{p}=\pm 2$

これを解くと　$p=-6,\ 2$　それぞれに対応して　$a=\dfrac{1}{18},\ \dfrac{1}{2}$

よって，求める関数は　$y=\dfrac{1}{18}(x+6)^2$, $y=\dfrac{1}{2}(x-2)^2$　//

$6-p=-2p$ または
$6-p=2p$

165 グラフが2点 $(-2,\ 1)$, $(2,\ 9)$ を通り，x 軸に接する2次関数を求めよ．

例題 放物線 $y=x^2-2(m-1)x-m$ について，次の問いに答えよ．

(1) この放物線は x 軸と2点で交わることを証明せよ．

(2) この2交点間の距離を最小にする m の値を求めよ．

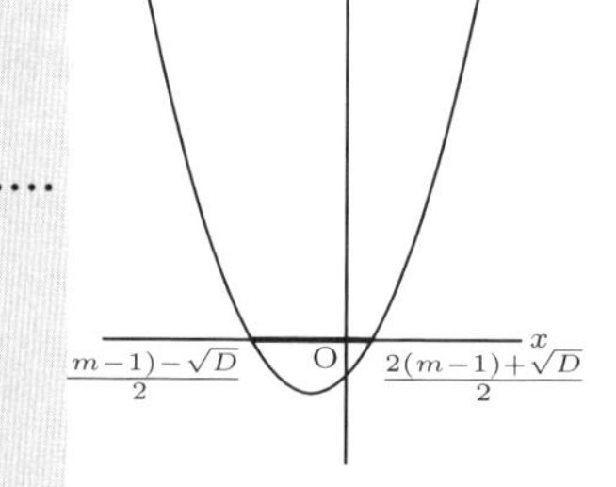

解 (1) $x^2-2(m-1)x-m=0$ の判別式 D を計算すると

$$D=4(m^2-m+1)=4\left(m-\frac{1}{2}\right)^2+3>0$$

よって，x 軸と2点で交わる．

(2) x 軸と交わる2点の x 座標は　$x=\dfrac{2(m-1)\pm\sqrt{D}}{2}$

2点の間の距離 l は，$l=\sqrt{D}$ となるから，D を最小にすればよい．

(1) より，$m=\dfrac{1}{2}$ のとき最小値をとる．　//

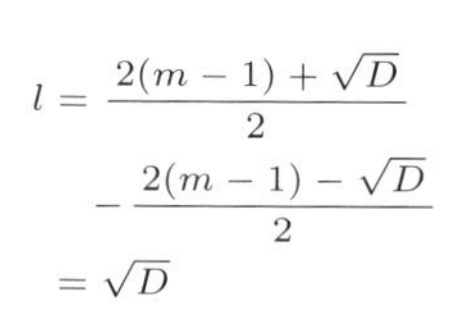

$$l=\frac{2(m-1)+\sqrt{D}}{2}-\frac{2(m-1)-\sqrt{D}}{2}=\sqrt{D}$$

166 放物線 $y=x^2+2(m+1)x+m$ について，次の問いに答えよ．

(1) この放物線は x 軸と2点で交わることを証明せよ．

(2) この2交点間の距離を最小にする m の値を求めよ．

例題 2次方程式 $(x-m)^2+2m-3=0$ が異なる2つの実数解をもち，いずれの解も $0<x<2$ であるように定数 m の範囲を定めよ．

解 $f(x)=(x-m)^2+2m-3$ とおき，$y=f(x)$ のグラフを用いて考える．

$0<x<2$ に2つの解があるためには，軸が $x=0$ と $x=2$ の間にあること，

および，$f(m)<0$, $f(0)>0$, $f(2)>0$ が条件である．

$0<m<2$, $2m-3<0$, $m^2+2m-3>0$, $m^2-2m+1>0$

これを解いて　$1<m<\dfrac{3}{2}$　//

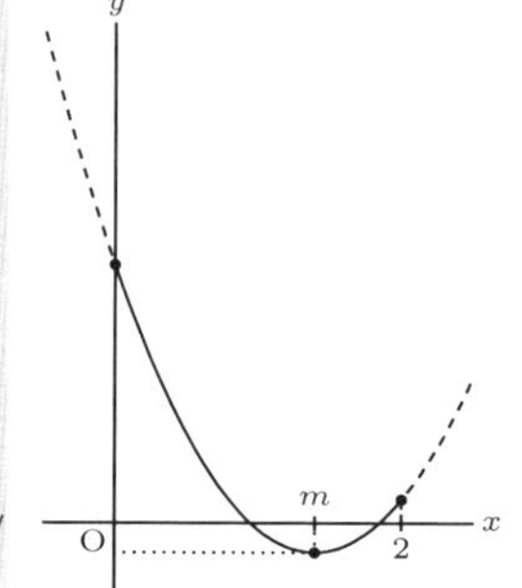

167 2次方程式 $x^2+2mx+1=0$ が異なる2つの実数解をもち，いずれの解も $0<x<2$ であるように定数 m の範囲を定めよ．

例題 $x^2+y=2x$, $0 \leqq x \leqq 3$ のとき，$2x+y$ の最大値と最小値を求めよ.

解 条件式を書き直すと $y=-x^2+2x$ となるから，$0 \leqq x \leqq 3$ の範囲で

$$2x+y=2x+(-x^2+2x)=-x^2+4x=-(x-2)^2+4$$

の最大値・最小値を考えればよい．よって

$x=2$, $y=0$ のとき最大値 4,　$x=0$, $y=0$ のとき最小値 0　//

グラフで考えると下のようになる.

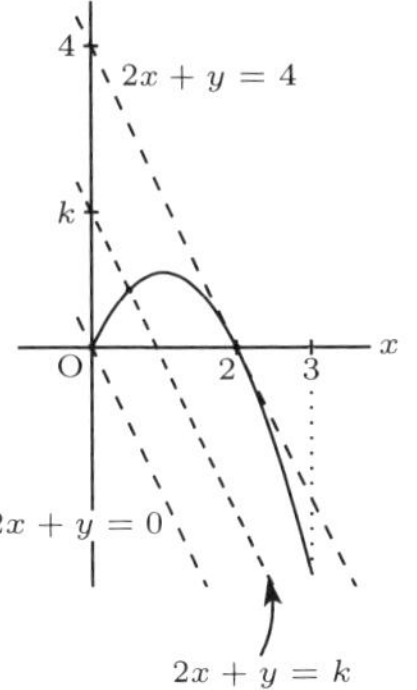

168 $x+y=4$, $x \geqq 0$, $y \geqq 0$ のとき，$3x^2+2y^2$ の最大値と最小値を求めよ.

例題 $k \leqq x \leqq k+2$ を定義域とする 2 次関数 $y=x^2-4x+1$ の最小値を求めよ.

解 標準形に直すと　$y=(x-2)^2-3$

定義域とグラフの軸 $x=2$ の位置関係は下図の通りとなる．よって

$k+2<2$ すなわち $k<0$ のとき，最小値 k^2-3　$(x=k+2)$

$k \leqq 2 \leqq k+2$ すなわち $0 \leqq k \leqq 2$ のとき，最小値 -3　$(x=2)$

$k>2$ のとき，最小値 k^2-4k+1　$(x=k)$

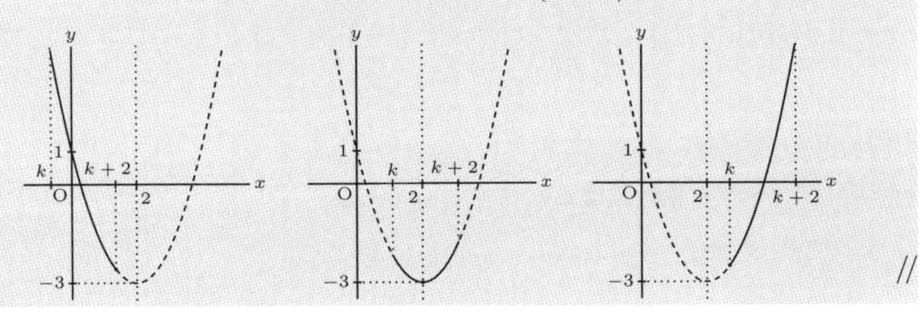

//

169 $0 \leqq x \leqq 2$ を定義域とする 2 次関数 $y=x^2-2ax+a^2-2$ の最小値を求めよ.

例題 2 直線 $y=2x+1$, $y=-x+1$ と x 軸とで囲まれた部分に，図のように長方形を内接させる．このとき，長方形 ABCD の面積 S の最大値を求めよ.

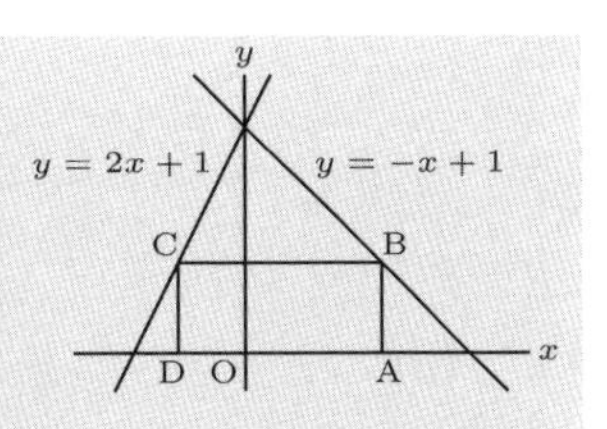

解 点 A の座標を $(X,\ 0)$ とすると，点 B, C, D の座標はそれぞれ

$(X,\ -X+1)$, $\left(-\dfrac{X}{2},\ -X+1\right)$, $\left(-\dfrac{X}{2},\ 0\right)$ となる.

$$S=\frac{3X}{2}\times(-X+1)=-\frac{3}{2}(X^2-X)=-\frac{3}{2}\left(X-\frac{1}{2}\right)^2+\frac{3}{8}$$

定義域は $0<X<1$ だから，最大値は $\dfrac{3}{8}$ $\left(X=\dfrac{1}{2}\text{ のとき}\right)$　//

C の y 座標は $-X+1$
$y=2x+1$ に代入して
$-X+1=2x+1$
よって，x 座標は $-\dfrac{X}{2}$

170 直径 6 cm の円に内接する長方形のうち，面積が最大となるものは何か.

2 いろいろな関数

まとめ

●偶関数・奇関数

- $f(x)$ が偶関数 $\iff f(-x)=f(x) \iff$ グラフが y 軸に関して対称
- $f(x)$ が奇関数 $\iff f(-x)=-f(x) \iff$ グラフが原点に関して対称

●べき関数 $y=x^n$（n は正の整数）

- n が偶数のとき偶関数で，$x \leqq 0$ で単調に減少，$x \geqq 0$ で単調に増加
- n が奇数のとき奇関数で，実数全体で単調に増加

●グラフの平行移動・対称移動

- $y=f(x)$ のグラフを x 軸方向に p，y 軸方向に q 平行移動したグラフの方程式は $y=f(x-p)+q$
- $y=f(x)$ のグラフと x 軸に関して対称なグラフの方程式は $y=-f(x)$
- $y=f(x)$ のグラフと y 軸に関して対称なグラフの方程式は $y=f(-x)$
- $y=f(x)$ のグラフと原点に関して対称なグラフの方程式は $y=-f(-x)$

●分数関数

- $y=\dfrac{a}{x-p}+q\ (a \neq 0)$ のグラフは，$y=\dfrac{a}{x}$ のグラフを x 軸方向に p，y 軸方向に q 平行移動したもので，漸近線は $x=p$，$y=q$ である．
- $y=\dfrac{ax+b}{cx+d}$ のグラフをかくときは，$y=\dfrac{r}{x-p}+q$ の形に変形する．

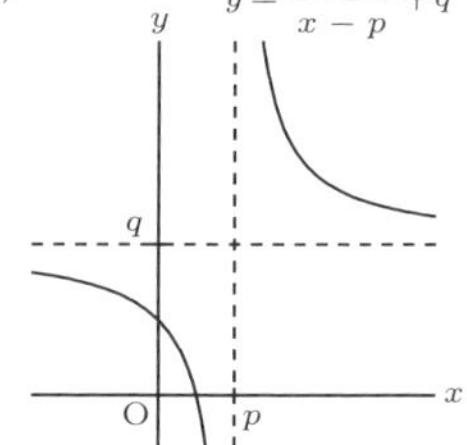

●無理関数

- $y=\sqrt{x-p}+q$ のグラフは，$y=\sqrt{x}$ のグラフを x 軸方向に p，y 軸方向に q 平行移動したものである．

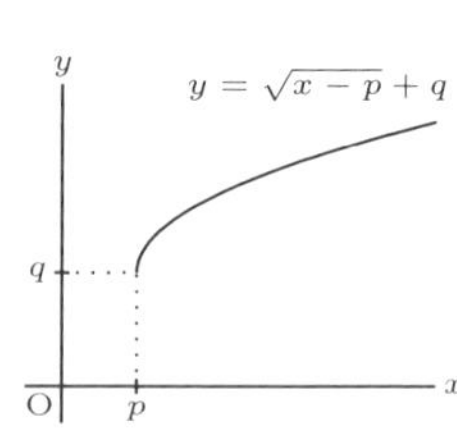

●逆関数

$y=f(x)$ の逆関数を $y=g(x)$ とする．

- $y=g(x) \iff x=f(y)$
- $y=f(x)$ の定義域と値域は，$y=g(x)$ の値域と定義域にそれぞれ一致
- $y=f(x)$ と $y=g(x)$ のグラフは，直線 $y=x$ に関して対称

Basic

171 次の関数について，偶関数か奇関数かを調べよ．  →教 p.89 問・1

(1) $y=3x^2$　(2) $y=x-1$　(3) $y=-2x$

(4) $y=x^2+x$　(5) $y=x^4+5x^2-3$　(6) $y=(x-1)^5$

(7) $y=\dfrac{1}{4}x^3$　(8) $y=\dfrac{1}{x^2}$　(9) $y=\dfrac{(x^2+3)^2}{x}$

172 次の関数のグラフをかけ． →教 p.90 問・2

(1) $y=(x-1)^3+2$　(2) $y=-(x+1)^3+2$

(3) $y=(x+1)^4-2$　(4) $y=-(x-2)^4+1$

173 次の関数の定義域と値域を求め，グラフをかけ．また，漸近線を求めよ． →教 p.93 問・3

(1) $y=\dfrac{1}{x-2}+1$　(2) $y=\dfrac{2}{x+1}-2$　(3) $y=-\dfrac{1}{x-3}+1$

174 次の関数のグラフをかけ．また，定義域と値域および漸近線を求めよ． →教 p.93 問・4

(1) $y=\dfrac{x+3}{x+1}$　(2) $y=\dfrac{2x-5}{x-2}$

175 次の関数の定義域を求めよ． →教 p.94 問・5

(1) $y=\sqrt{x-2}$　(2) $y=\dfrac{-3}{\sqrt{x+1}}$　(3) $y=\sqrt{-x^2+x+6}$

176 次の関数の定義域と値域を求め，グラフをかけ． →教 p.94 問・6

(1) $y=\sqrt{x-2}$　(2) $y=\sqrt{x}-2$

(3) $y=\sqrt{x-2}-2$　(4) $y=\sqrt{x+1}+2$

177 次の直線または点に関して，関数 $y=x^3+3x^2$ のグラフと対称なグラフをもつ関数を求めよ． →教 p.95 問・7

(1) x 軸　(2) y 軸　(3) 原点

178 関数 $y=\sqrt{x-1}+2$ のグラフを用いて，次の関数のグラフをかけ．  →教 p.95 問・8

(1) $y=-\sqrt{x-1}-2$　(2) $y=\sqrt{-x-1}+2$　(3) $y=-\sqrt{-x-1}-2$

179 次の関数の逆関数を求め，その逆関数の定義域と値域を求めよ．  →教 p.97 問・9

(1) $y=\dfrac{1}{x-2}$　(2) $y=x^2-3$ $(x \geqq 0)$

(3) $y=-\sqrt{x}$　(4) $y=\sqrt{2-x}-1$

180 次の関数について，偶関数か奇関数かを調べよ．

(1) $f(x)=2x$　　(2) $f(x)=3x^2-1$

(3) $f(x)=x(x^2-1)$　　(4) $f(x)=\dfrac{x^4-1}{x^2}$

(5) $f(x)=3$　　(6) $f(x)=3+x^3$

181 次の関数の定義域と値域を求めよ．

(1) $y=\dfrac{3x-5}{x-2}$　　(2) $y=-\sqrt{x+3}+4$

182 関数 $y=\dfrac{2}{x}$ のグラフを x 軸方向に 1，y 軸方向に -3 平行移動したグラフをもつ関数を求めよ．

183 関数 $y=\sqrt{-x}$ のグラフを x 軸方向に -3，y 軸方向に 2 平行移動したグラフをもつ関数を求めよ．

184 次の関数のグラフをかけ．

(1) $y=(x-1)^3-2$　　(2) $y=-(x+1)^4+1$

(3) $y=\dfrac{1}{x+1}-2$　　(4) $y=\dfrac{2x+3}{x+2}$

(5) $y=\sqrt{x+1}-2$　　(6) $y=\sqrt{-x+1}+1$

185 関数 $y=3x^4-2x$ について，y 軸に関して対称なグラフをもつ関数を求めよ．

186 関数 $y=\sqrt{x+1}-1$ について，原点に関して対称なグラフをもつ関数を求めよ．

187 関数 $y=\dfrac{3}{x+2}$ の逆関数，およびその逆関数の定義域と値域を求めよ．

188 関数 $f(x)=(x-2)^2\ (x\leqq 2)$ について，次の問いに答えよ．

(1) 逆関数 $g(x)$ を求めよ．

(2) $y=f(x)$ のグラフと $y=g(x)$ のグラフの交点の座標を求めよ．

Step up

例題 関数 $y=\dfrac{2x+2}{2x-1}$ のグラフをかけ.

解 $(2x+2)\div(2x-1)$ で商は 1, 余りは 3 だから

$$y=\frac{2x+2}{2x-1}=1+\frac{3}{2x-1}$$

$$=\frac{3}{2\left(x-\frac{1}{2}\right)}+1=\frac{\frac{3}{2}}{x-\frac{1}{2}}+1$$

よって, 漸近線は $x=\dfrac{1}{2}$, $y=1$ となり,

グラフは右図のようになる. //

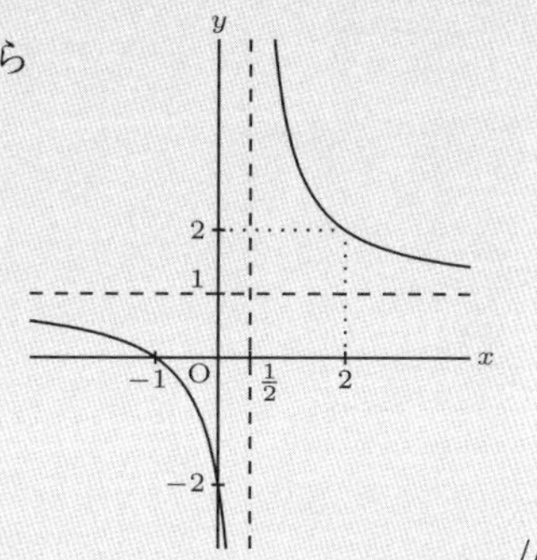

$$\begin{array}{r} 1 \\ 2x-1\,\big)\,\overline{2x+2} \\ \underline{2x-1} \\ 3 \end{array}$$

3 章 関数とグラフ

189 次の関数のグラフをかけ.

(1) $y=\dfrac{3x-1}{2x-2}$　　(2) $y=\dfrac{2x}{2x+3}$

例題 次の関数のグラフをかけ.

(1) $y=\sqrt{2x}$　　(2) $y=\sqrt{2x+2}-1$

解 (1) 定義域は $x\geqq 0$ となる. 表を作成すると下のようになり, グラフは図の通りである.

x	0	1	2	3	4	5	$\cdots$
y	0	$\sqrt{2}$	2	$\sqrt{6}$	$2\sqrt{2}$	$\sqrt{10}$	$\cdots$

(2) $y=\sqrt{2(x+1)}-1$ だから, (1) のグラフを x 軸方向に -1, y 軸方向に -1 平行移動したグラフであり, 図のようになる. //

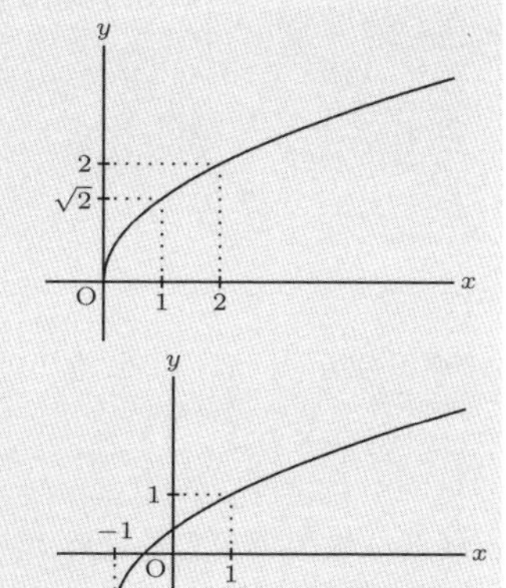

●**注**…… a を 0 でない定数とする. 一般に, $y=\sqrt{ax}$ のグラフは次のようになる.

$a>0$ のとき, 定義域は $x\geqq 0$　　$a<0$ のとき, 定義域は $x\leqq 0$

$a<0$ ならば $-a>0$

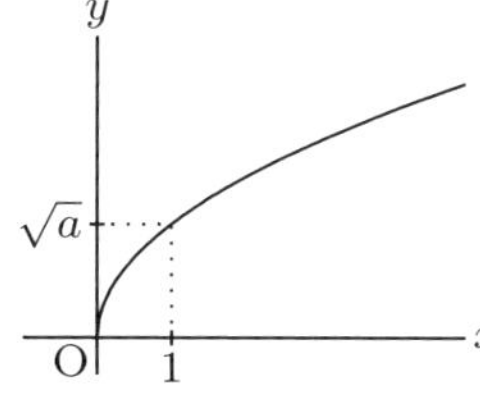
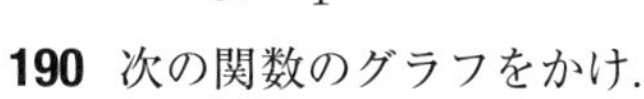

190 次の関数のグラフをかけ.

(1) $y=\sqrt{-3x}$　　(2) $y=\sqrt{-3x+6}$

例題 関数 $y=\dfrac{4x-3}{2x-2}$ $(0 \leqq x \leqq 2,\ x \neq 1)$ の値域を求めよ．

解 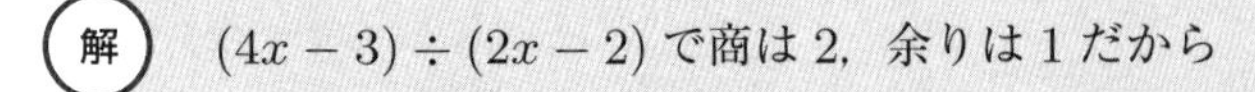
$(4x-3) \div (2x-2)$ で商は 2，余りは 1 だから

$$y=\frac{4x-3}{2x-2}=2+\frac{1}{2x-2}$$
$$=\frac{1}{2(x-1)}+2=\frac{\frac{1}{2}}{x-1}+2$$

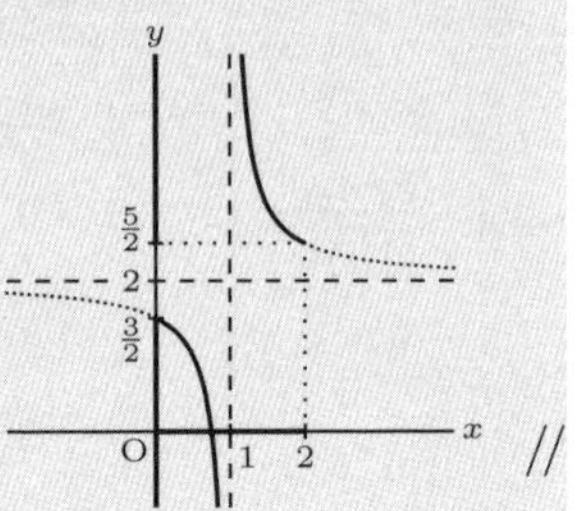

よって，この関数のグラフは図のようになる．

グラフより，求める値域は　$y \leqq \dfrac{3}{2},\ y \geqq \dfrac{5}{2}$　//

191 関数 $y=\dfrac{4x-9}{2x-3}$ $\left(-1 \leqq x \leqq 3,\ x \neq \dfrac{3}{2}\right)$ の値域を求めよ．

192 関数 $y=\sqrt{-3x+a}$ $(-7 \leqq x \leqq b)$ の値域が $1 \leqq y \leqq 5$ であるとき，a，b の値を求めよ．

例題 関数 $y=\dfrac{ax+b}{2x+c}$ のグラフが点 $(0,\ 3)$ を通り，$x=-\dfrac{1}{2}$，$y=2$ を漸近線とするとき，定数 a，b，c の値を求めよ．

解 A を 0 でない定数として，$y=\dfrac{A}{x+\frac{1}{2}}+2$ とおくことができる．

変形すると　$y=\dfrac{4x+2A+2}{2x+1}$

点 $(0,\ 3)$ を通るから，代入すると　$3=2A+2$　$\therefore$　$A=\dfrac{1}{2}$

よって，$y=\dfrac{4x+3}{2x+1}$ となるので　$a=4,\ b=3,\ c=1$　//

193 関数 $y=\dfrac{ax+b}{3x+c}$ のグラフが点 $(1,\ 1)$ を通り，$x=\dfrac{2}{3}$，$y=2$ を漸近線とするとき，定数 a，b，c の値を求めよ．

194 次の条件を満たす直角双曲線の方程式を求めよ．

(1) 漸近線の 1 つが $x=-2$ で，点 $(2,\ 4)$，$(-1,\ 7)$ を通る．

(2) 漸近線の 1 つが $y=2$ で，点 $(4,\ 6)$，$(2,\ -2)$ を通る．

(3) $y=\dfrac{3}{x}$ を平行移動して得られ，点 $(-2,\ 8)$，$(-4,\ 10)$ を通る．

例題 関数 $y=\dfrac{2}{2x-k}+3k-1$ の逆関数が，また，$y=\dfrac{2}{2x-k}+3k-1$ となるように，定数 k の値を定めよ．

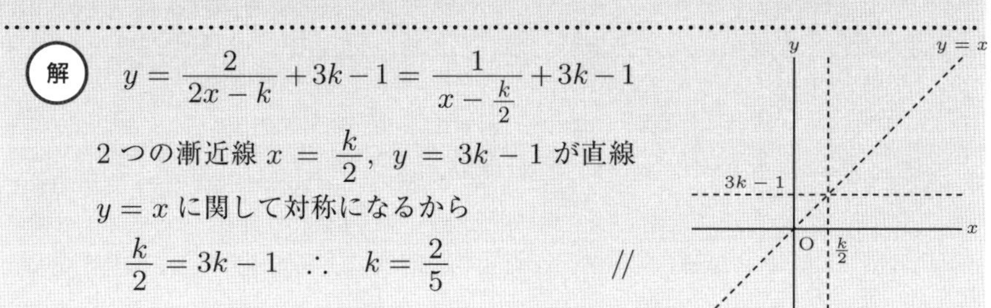

解　$y=\dfrac{2}{2x-k}+3k-1=\dfrac{1}{x-\frac{k}{2}}+3k-1$

2 つの漸近線 $x=\dfrac{k}{2}$，$y=3k-1$ が直線 $y=x$ に関して対称になるから

$\dfrac{k}{2}=3k-1$　∴　$k=\dfrac{2}{5}$　//

195 関数 $y=\dfrac{3}{3x+k}+2(k+1)$ の逆関数が，また，$y=\dfrac{3}{3x+k}+2(k+1)$ となるように，定数 k の値を定めよ．

196 関数 $f(x)=\dfrac{ax+2}{2x-b}$ について，$y=f(x)$ の逆関数を $y=g(x)$ とする．$f(1)=5$，$g(2)=4$ のとき，a，b の値を求めよ．

$g(x)=y \Leftrightarrow x=f(y)$

例題 無理関数 $y=\sqrt{x+2}$ のグラフが直線 $y=\dfrac{1}{2}x+k$ と接するとき，定数 k の値を求めよ．また，そのときの接点の座標も求めよ．

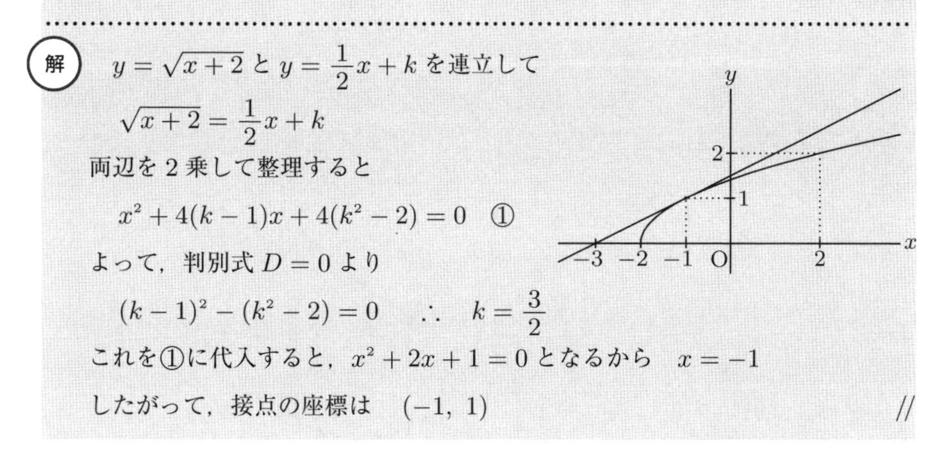

解　$y=\sqrt{x+2}$ と $y=\dfrac{1}{2}x+k$ を連立して

$\sqrt{x+2}=\dfrac{1}{2}x+k$

両辺を 2 乗して整理すると

$x^2+4(k-1)x+4(k^2-2)=0$　①

よって，判別式 $D=0$ より

$(k-1)^2-(k^2-2)=0$　∴　$k=\dfrac{3}{2}$

これを①に代入すると，$x^2+2x+1=0$ となるから　$x=-1$

したがって，接点の座標は　$(-1,\ 1)$　//

197 無理関数 $y=2\sqrt{x+1}$ のグラフと直線 $y=\dfrac{1}{3}x+k$ の共有点が 2 個となるように定数 k の値の範囲を求めよ．

198 分数関数 $y=\dfrac{1}{x}$ のグラフと直線 $y=-\dfrac{1}{4}x+k$ が共有点をもたないような定数 k の値の範囲を求めよ．

Plus

例題 関数 $y=(x+1)|x-3|$ のグラフをかけ.

絶対値を含む式で表される関数のグラフは，絶対値の中の式の値が正になる場合，負になる場合に分けて考える.

解 $x-3 \geqq 0$ すなわち $x \geqq 3$ のとき

$|x-3|=x-3$ より

$$y=(x+1)(x-3)=x^2-2x-3$$
$$=(x-1)^2-4$$

$x-3<0$ すなわち $x<3$ のとき

$|x-3|=-(x-3)$ より

$$y=-(x+1)(x-3)=-x^2+2x+3$$
$$=-(x-1)^2+4$$

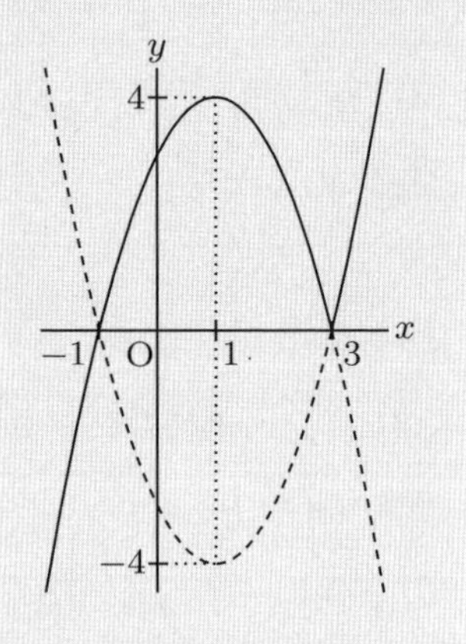

以上より

$$y=\begin{cases}(x-1)^2-4 & (x \geqq 3)\\ -(x-1)^2+4 & (x<3)\end{cases}$$ となり，グラフは図のようになる. //

199 次の関数のグラフをかけ.

(1) $y=|x^2-1|$　　(2) $y=x^2-2|x|+1$

例題 関数 $y=x+\dfrac{1}{x}$ のグラフの概形をかけ.

解 関数 $y=x+\dfrac{1}{x}$ を2つの関数 $y_1=x$ と $y_2=\dfrac{1}{x}$ の和と考える.

$$y=y_1+y_2$$

x の値から y_1, y_2 を求め，加算した y_1+y_2 から点をとることによって，グラフの概形を描くことができる.

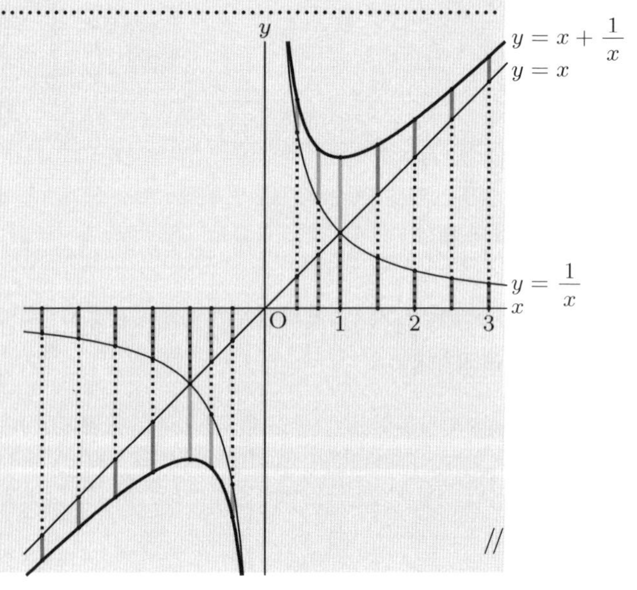

//

200 次の関数のグラフの概形をかけ.

(1) $y=x-\dfrac{1}{x}$　　(2) $y=x+\dfrac{1}{x^2}$

4章 指数関数と対数関数

1 指数関数

まとめ

●累乗根

$x^n = a$ となる x を a の n 乗根という（ここでは実数のみ扱う）.

- n が偶数のとき，$a \geqq 0$ で n 乗根が定まる.

  $a > 0$ ならば正の数 $\sqrt[n]{a}$ と負の数 $-\sqrt[n]{a}$ の組　$a = 0$ ならば 0 のみ

- n が奇数のとき，a の n 乗根はただ 1 つ存在し，$\sqrt[n]{a}$ で表す.

●累乗根の性質

$a > 0,\ b > 0$ で，$m,\ n$ が 2 以上の整数のとき

$$(\sqrt[n]{a})^n = a, \quad (\sqrt[n]{a})^m = \sqrt[n]{a^m}, \quad \sqrt[n]{a}\sqrt[n]{b} = \sqrt[n]{ab}, \quad \frac{\sqrt[n]{a}}{\sqrt[n]{b}} = \sqrt[n]{\frac{a}{b}}$$

●指数の拡張

- $a \neq 0$ で，n が正の整数のとき　$a^0 = 1,\ a^{-n} = \dfrac{1}{a^n}$
- $a > 0$ で，m が整数，n が 2 以上の整数のとき　$a^{\frac{m}{n}} = \sqrt[n]{a^m} = (\sqrt[n]{a})^m$

●指数法則

$a > 0,\ b > 0$ で，$p,\ q$ が実数のとき

$$a^p a^q = a^{p+q}, \quad \frac{a^p}{a^q} = a^{p-q} = \frac{1}{a^{q-p}}, \quad (a^p)^q = a^{pq}, \quad (ab)^p = a^p b^p$$

●指数関数　$y = a^x\ (a > 0,\ a \neq 1)$

- 定義域は実数全体，値域は $y > 0$
- グラフは点 $(0,\ 1)$ および点 $(1,\ a)$ を通る.
- グラフは x 軸すなわち直線 $y = 0$ を漸近線とする.
- $a > 1$ のとき単調増加，$0 < a < 1$ のとき単調減少

$a > 1$ のとき

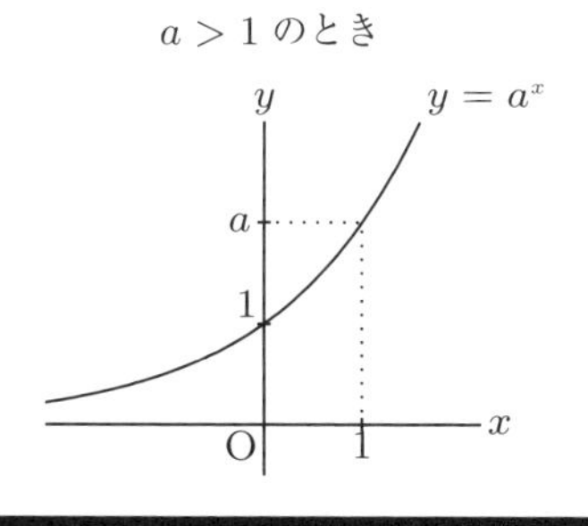

$0 < a < 1$ のとき

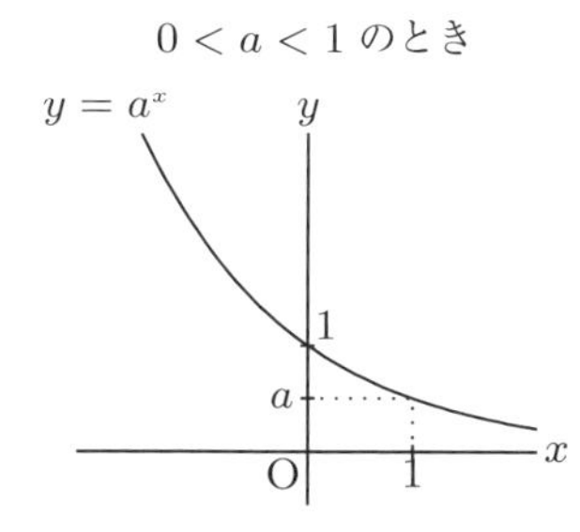

Basic

201 次の値を根号を用いて表せ． →教p.103 問·1

(1) 6 の 3 乗根　　(2) 10 の 4 乗根　　(3) −12 の 5 乗根

202 次の式を簡単にせよ． →教p.103 問·2

(1) $\sqrt{2}\sqrt{32}$　　(2) $(\sqrt[6]{5})^4\sqrt[6]{25}$　　(3) $\sqrt[4]{27}\sqrt[4]{3}$　　(4) $\dfrac{\sqrt[3]{48}}{\sqrt[3]{6}}$

203 次の計算をせよ．ただし，$a \neq 0,\ b \neq 0$ とする． →教p.105 問·3

(1) $3^8 \times \left(\dfrac{1}{9}\right)^3$　　(2) $10^2 \times 5^{-3} \times \left(\dfrac{1}{4}\right)^{-1}$

(3) $(ab^3)^2 \times (a^{-1}b^2)^{-1}$　　(4) $\dfrac{(9ab^{-2})^2}{(3a^{-2}b^2)^3}$

204 次の (1), (2) については $a^{\frac{m}{n}}$ の形に，(3), (4) については根号を用いて表せ．ただし，$a > 0$ とする． →教p.106 問·4

(1) $\sqrt{a^5}$　　(2) $\dfrac{1}{\sqrt[7]{a^3}}$　　(3) $a^{\frac{2}{5}}$　　(4) $a^{-\frac{1}{2}}$

205 $a > 0$ のとき，次の式を計算せよ． →教p.106 問·5

(1) $\left(a^{-\frac{1}{2}}\right)^{\frac{4}{3}}$　　(2) $\dfrac{a^{\frac{1}{2}}}{a^{-\frac{1}{4}}}$　　(3) $a^{1.2} \times a^{0.4}$

206 指数法則を用いて，次の式を計算せよ．ただし，$a > 0$ とする． →教p.106 問·6

(1) $\sqrt[4]{a^2} \times \sqrt[5]{a^3}$　　(2) $\dfrac{a\sqrt[4]{a}}{\sqrt{a}}$　　(3) $\sqrt[3]{\sqrt[6]{a}}$

207 次の関数のグラフをかけ． →教p.108 問·7

(1) $y = 4^x$　　(2) $y = 4^{x-1}$　　(3) $y = \left(\dfrac{1}{4}\right)^x$

208 グラフの対称移動の公式を用いて，次の関数のグラフをかけ． →教p.109 問·8

(1) $y = -4^x$　　(2) $y = -4^{-x}$

209 次の方程式を解け． →教p.109 問·9

(1) $2^{2x} = 2\sqrt[3]{2}$　　(2) $3^{-x+1} = \sqrt{243}$　　(3) $9^x - 7 \cdot 3^x - 18 = 0$

210 次の不等式を解け． →教p.109 問·10

(1) $8^x > 16$　　(2) $\left(\dfrac{1}{5}\right)^{x+3} < \dfrac{1}{25}$

Check

211 次の式を簡単にせよ.

(1) $\sqrt[3]{-8}\sqrt[5]{-243}$　　(2) $\sqrt[4]{(-2)^4}\sqrt[3]{125}$

(3) $\left(\sqrt[3]{2}\right)^5\sqrt[3]{54}$　　(4) $\dfrac{\sqrt[5]{24}}{\left(\sqrt[5]{18}\right)^3}$

212 次の式を a^p の形に表せ. ただし, $a>0$ とする.

(1) $a\sqrt[3]{a}$　　(2) $\sqrt{\sqrt[3]{a^2}}$

(3) $\dfrac{1}{a^2\sqrt[4]{a^3}}$　　(4) $\dfrac{a^2}{\sqrt[5]{\sqrt[6]{a}}}$

213 次の式を, 根号を用いて表せ. ただし, $a>0$ とする.

(1) $a^{\frac{1}{2}}\times a^{\frac{1}{3}}$　　(2) $\dfrac{a^{\frac{5}{4}}}{a^{\frac{3}{2}}}$

214 次の計算をせよ. ただし, $a>0$ とする.

(1) $(2a^2)^{\frac{2}{3}}\times(2a^{-1})^{\frac{1}{3}}$　　(2) $\left(a^{\frac{1}{2}}+a^{-\frac{1}{2}}\right)^2$

(3) $\dfrac{\sqrt[3]{a^2}\times\sqrt{a}}{\sqrt[6]{a^5}}$　　(4) $\left(\dfrac{\sqrt[4]{a}}{\sqrt[3]{a}}\right)^2\times\sqrt[6]{a}$

215 次の関数のグラフは $y=3^x$ のグラフをどのように移動したものか.

(1) $y=3^x+1$　　(2) $y=-3^{-x}$

216 次の方程式を解け.

(1) $4^x-7\cdot2^x-8=0$　　(2) $2\left(\dfrac{1}{4}\right)^x-9\left(\dfrac{1}{2}\right)^x+4=0$

217 次の不等式を解け.

(1) $3^{2x-1}<\dfrac{1}{\sqrt[3]{81}}$　　(2) $\left(\dfrac{1}{2}\right)^x<\sqrt[3]{32}$

Step up

例題 $2^{-\frac{7}{4}}$, $\dfrac{1}{\sqrt[4]{64}}$, $\dfrac{1}{4}$, $\sqrt[5]{2^{-9}}$ を小さいものから順に並べよ.

解 2が底となるよう変形すると

$$\frac{1}{\sqrt[4]{64}} = 2^{-\frac{3}{2}},\quad \frac{1}{4} = 2^{-2},\quad \sqrt[5]{2^{-9}} = 2^{-\frac{9}{5}}$$

関数 $y = 2^x$ は単調に増加するから，指数の値の小さい順に並べればよい.

したがって　$2^{-2} < 2^{-\frac{9}{5}} < 2^{-\frac{7}{4}} < 2^{-\frac{3}{2}}$　$\therefore$　$\dfrac{1}{4}$, $\sqrt[5]{2^{-9}}$, $2^{-\frac{7}{4}}$, $\dfrac{1}{\sqrt[4]{64}}$　//

218 次の数を小さいものから順に並べよ.

(1) $\sqrt[5]{81}$, $\dfrac{1}{\sqrt[3]{9}}$, $3\sqrt[4]{3}$, 1　　(2) $\sqrt[5]{0.7}$, $\dfrac{1}{0.49}$, $\dfrac{1}{\sqrt[4]{0.7}}$, $(\sqrt[3]{0.7})^4$

例題 不等式 $a^{2-x} < a^{x-2}$ を解け．ただし，$a > 0$, $a \neq 1$ とする.

解 $a > 1$ のとき，関数 $y = a^x$ は単調に増加するから

$2 - x < x - 2$　これより　$x > 2$

$0 < a < 1$ のとき，関数 $y = a^x$ は単調に減少するから

$2 - x > x - 2$　これより　$x < 2$　//

219 次の不等式を解け．ただし，$a > 0$, $a \neq 1$ とする.

(1) $0.5^{2x+1} > 0.125^{1-x}$　　(2) $\sqrt[4]{a^{3x}} > \dfrac{1}{a^{x+1}}$

例題 不等式 $3^{2x+1} - 10 \cdot 3^x + 3 < 0$ を解け.

解 $X = 3^x$ とおくと $X > 0$

$3^{2x+1} = 3 \cdot (3^x)^2 = 3X^2$ だから

$3X^2 - 10X + 3 < 0$　すなわち　$(3X - 1)(X - 3) < 0$

よって　$\dfrac{1}{3} < X < 3$　これは $X > 0$ を満たしている.

したがって　$3^{-1} < 3^x < 3$　$\therefore$　$-1 < x < 1$　//

220 次の不等式を解け.

(1) $2^{2x+3} - 17 \cdot 2^x + 2 > 0$　　(2) $3^{2x} - 8 \cdot 3^x - 9 < 0$

例題　$2^x+2^{-x}=t$ のとき，$2^{3x}+2^{-3x}$，$2^{\frac{x}{2}}+2^{-\frac{x}{2}}$ を t の式で表せ．

解　$2^{3x}+2^{-3x}=(2^x+2^{-x})^3-3\cdot 2^x\cdot 2^{-x}(2^x+2^{-x})=t^3-3t$

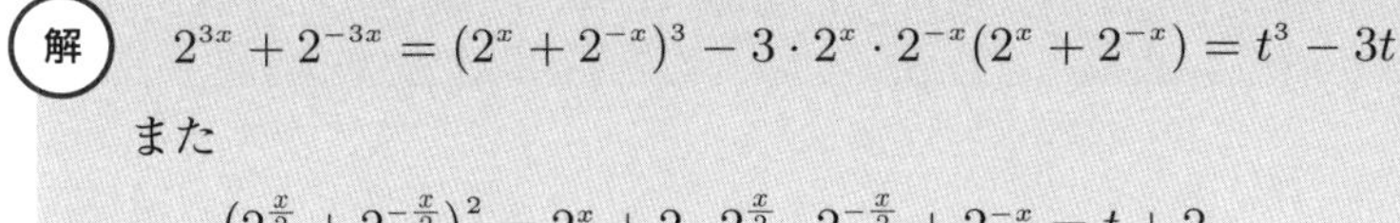

また

$$\left(2^{\frac{x}{2}}+2^{-\frac{x}{2}}\right)^2=2^x+2\cdot 2^{\frac{x}{2}}\cdot 2^{-\frac{x}{2}}+2^{-x}=t+2$$

$2^{\frac{x}{2}}+2^{-\frac{x}{2}}>0$ だから

$$2^{\frac{x}{2}}+2^{-\frac{x}{2}}=\sqrt{t+2}$$

//

221　$3^x+3^{-x}=5$ のとき，27^x+27^{-x} の値を求めよ．

222　$a^{2x}=6$ のとき，$\dfrac{a^{4x}-a^{-4x}}{a^x-a^{-x}}$ の値を求めよ．ただし，$a>0$ とする．

例題　関数 $y=-4^x+2^{x+1}+1\ (-1\leqq x\leqq 2)$ の最大値と最小値を求めよ．

解　$y=-4^x+2^{x+1}+1=-(2^x)^2+2\cdot 2^x+1$

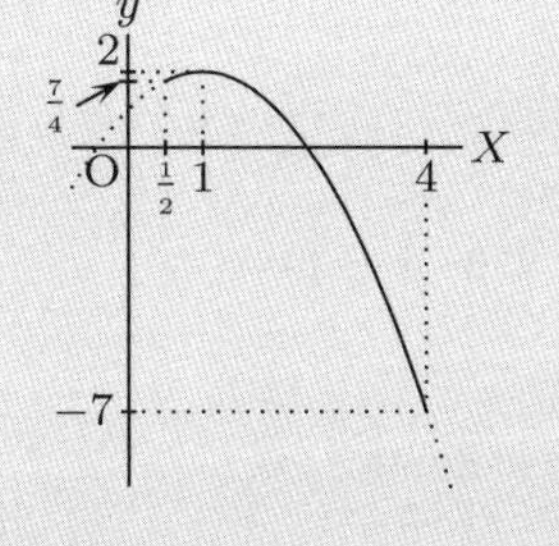

$2^x=X$ とおくと

$$y=-X^2+2X+1=-(X-1)^2+2$$

$-1\leqq x\leqq 2$ より　$\dfrac{1}{2}\leqq X\leqq 4$

よって，$X=1$ のとき最大，$X=4$ のとき最小となる．したがって

$x=0$ のとき最大値 2

$x=2$ のとき最小値 -7

//

223　関数 $y=9^x-6\cdot 3^x+5$ の次の区間における最大値と最小値を求めよ．

(1)　$0\leqq x\leqq 2$　　(2)　$-1\leqq x\leqq 0$

224　関数 $f(x)=4^x+4^{-x}-2(2^x+2^{-x})+1$ について，次の問いに答えよ．

(1)　$t=2^x+2^{-x}$ とおくとき，$f(x)$ を t の式で表せ．

(2)　t の値の範囲を求めよ．

(3)　$f(x)$ の最小値を求めよ．

2　対数関数

まとめ

●対数

- $m = \log_a N$（底 $a > 0,\ a \neq 1$, 真数 $N > 0$）$\iff$ $a^m = N$
- m を a を底とする N の対数という.

●対数の性質

- $a > 0,\ a \neq 1,\ M > 0,\ N > 0$ で，p を実数とするとき

$$\log_a 1 = 0, \qquad \log_a a = 1, \qquad a^{\log_a N} = N$$

$$\log_a MN = \log_a M + \log_a N$$

$$\log_a \frac{M}{N} = \log_a M - \log_a N$$

$$\log_a M^p = p \log_a M$$

- 底の変換公式　$a,\ b,\ c$ が正の数で，$a \neq 1,\ c \neq 1$ のとき

$$\log_a b = \frac{\log_c b}{\log_c a}$$

●対数関数　$y = \log_a x\ (a > 0,\ a \neq 1)$

- $y = a^x$ の逆関数である.

$$y = a^x \quad \iff \quad x = \log_a y$$

- 定義域は $x > 0$，値域は実数全体
- グラフは点 $(1,\ 0)$ および点 $(a,\ 1)$ を通る.
- グラフは y 軸すなわち直線 $x = 0$ を漸近線とする.
- $a > 1$ のとき単調増加，$0 < a < 1$ のとき単調減少

$a > 1$ のとき

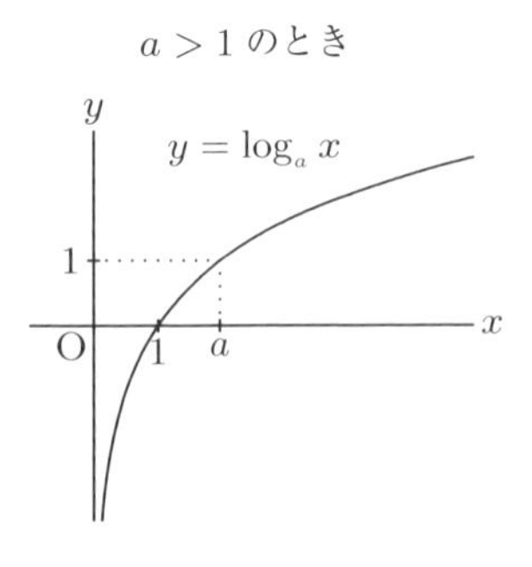

$0 < a < 1$ のとき

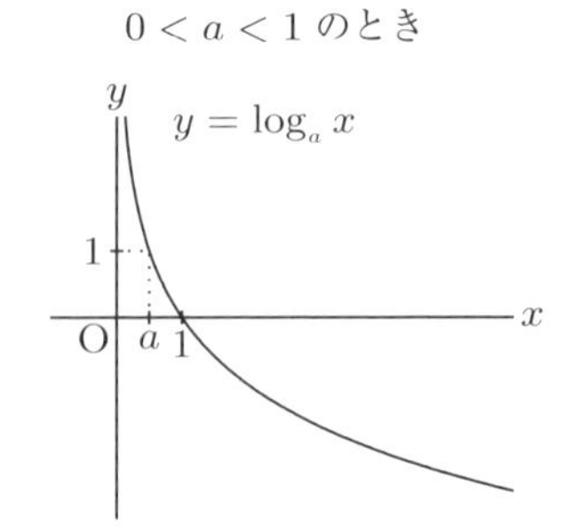

Basic

225 次の値を求めよ. →教 p.112 問・1

(1) $\log_5 25$ (2) $\log_3 \dfrac{1}{27}$

(3) $\log_{0.1} 0.001$ (4) $\log_4 1$

(5) $\log_2 0.25$ (6) $\log_2 \sqrt[5]{8}$

226 次の式を計算せよ. →教 p.114 問・2

(1) $\log_2 64$ (2) $\log_3 6 + \log_3 \dfrac{3}{2}$

(3) $\log_5 2 - \log_5 10$ (4) $\dfrac{1}{2}\log_2 10 + \log_2 \dfrac{4}{\sqrt{5}}$

227 等式 $\log_a \dfrac{1}{\sqrt[n]{M}} = -\dfrac{1}{n}\log_a M$ を証明せよ. ただし, M, a は正の数で $a \neq 1$, また, n は 2 以上の整数とする. →教 p.114 問・3

228 A, B, C, a は正の数で $a \neq 1$ とするとき, 次の問いに答えよ. →教 p.114 問・4

(1) 等式 $\log_a \dfrac{A}{B} + \log_a \dfrac{B}{C} + \log_a \dfrac{C}{A} = 0$ を証明せよ.

(2) $\log_3 \sqrt{6} + \log_3 \sqrt{10} - \log_3 \sqrt{20}$ を計算せよ.

229 $\log_8 2$ の値を求めよ. →教 p.115 問・5

230 1 でない正の数 a, b, c について, 次の式を計算せよ. →教 p.115 問・6

$(\log_a b) \cdot (\log_b c) \cdot (\log_c a)$

231 次の式を簡単にせよ. →教 p.115 問・7

(1) $(\log_2 27) \cdot (\log_9 8)$

(2) $(\log_3 125) \cdot (\log_4 3) \cdot (\log_5 32)$

232 次の関数のグラフをかけ. →教 p.117 問・8

(1) $y = \log_3 x$ (2) $y = \log_{\frac{1}{3}} x$

(3) $y = \log_4 (x+1)$ (4) $y = \log_4 (-x)$

233 次の関数の ( ) 内の定義域に対する値域を求めよ. →教 p.117 問・9

(1) $y = \log_5 x \quad \left(\dfrac{1}{25} \leqq x < 5\sqrt[3]{5}\right)$

(2) $y = \log_{\frac{1}{3}} x \quad \left(\dfrac{1}{9} < x < 1\right)$

234 次の数の大小を比べよ. →教 p.117 問・10

(1) $\log_7 3\sqrt{2}$, $\log_7 0.9$, $\log_7 4$ (2) $\log_{\frac{1}{5}} \dfrac{1}{4}$, $\log_{\frac{1}{5}} 0.2$, $\log_{\frac{1}{5}} \dfrac{3}{7}$

235 次の方程式を解け. →教p.117 問·11

(1) $\log_2(x-3)+\log_2(x-1)=3$

(2) $\log_3(4x-7)-\log_3(x+12)=-1$

236 次の不等式を解け. →教p.118 問·12

(1) $\log_2(3x+1)>4$　　(2) $\log_3(x-1)<-2$

237 $\log_{10}2=0.3010$, $\log_{10}3=0.4771$ とするとき, 次の値を求めよ. →教p.119 問·13

(1) $\log_{10}8$　　(2) $\log_{10}18$　　(3) $\log_2 27$

238 次の不等式を満たす最大の整数 n を求めよ. →教p.120 問·14 問·15

(1) $10^n \leqq 5^{20}$　　(2) $10^{-n} \geqq 3^{-50}$

239 ある細菌は1時間で1.5倍に増殖するという. 同じ割合で増殖し続けるとき, 何時間後にはじめて最初の量の1000倍以上となるか. →教p.120 問·16 問·17

Check

240 次の等式を満たす x の値を求めよ.

(1) $\log_4 x = 3$　　(2) $\log_x 9 = 2$

(3) $\log_{0.1} x = -2$　　(4) $\log_x \dfrac{1}{5} = \dfrac{1}{3}$

241 次の式を計算せよ.

(1) $\log_6 18 + \log_6 72$　　(2) $\log_2 432 - 3\log_2 6$

(3) $3\log_2 \sqrt{12} + \log_2 \dfrac{2}{3\sqrt{3}}$　　(4) $\log_5 \sqrt[3]{15} + \log_5 \sqrt{5} - \log_5 \sqrt[3]{3}$

(5) $\left(\log_3 \dfrac{1}{4}\right) \cdot (\log_2 3)$　　(6) $(\log_{\sqrt{2}} 3) \cdot (\log_9 8)$

242 次の関数のグラフは $y = \log_2 x$ のグラフをどのように移動したものか.

(1) $y = \log_2(x-1) + 2$　　(2) $y = -\log_2(-x)$

243 次の方程式を解け.

(1) $\log_4(x-1) + \log_4(x-7) = 2$

(2) $\log_5(x^2+6x-7) - \log_5(x-1) = 2$

(3) $2\log_6(x+2) - \log_6 x = 2\log_6 3$

244 次の不等式を解け.

(1) $\log_4(3x-1) < \dfrac{3}{2}$　　(2) $\log_{\frac{1}{3}}(x+1) < -2$

245 $\log_{10} 2 = a$, $\log_{10} 3 = b$ のとき，次の式を a, b で表せ.

(1) $\log_{10} 12$　　(2) $\log_{10} 0.3$

(3) $\log_3 6$　　(4) $\log_8 15$

246 次の不等式を満たす最大の整数 n を求めよ．ただし，$\log_{10} 2 = 0.3010$ とする.

$$0.1^n \geqq \frac{1}{2^{100}}$$

247 ある国の今年の人口は昨年より 3% 減少した．来年以降も同じ割合で減少すると，今年の人口の半分以下となるのは何年後か．ただし，$\log_{10} 2 = 0.3010$, $\log_{10} 9.7 = 0.9868$ とする.

Step up

例題 次の方程式を解け.

$$(\log_2 x)^2 - \log_2 x - 2 = 0$$

解 真数条件より $x > 0$

$t = \log_2 x$ とおくと

$$t^2 - t - 2 = 0 \quad \text{すなわち} \quad (t+1)(t-2) = 0 \quad \therefore \quad t = -1,\ 2$$

したがって $\log_2 x = -1,\ 2 \quad \therefore \quad x = \dfrac{1}{2},\ 4$

これらはいずれも真数条件を満たすから　$x = \dfrac{1}{2},\ 4$ //

248 次の方程式を解け.

(1) $(\log_3 x)^2 + 2\log_3 x = 8$　　(2) $\log_{\frac{1}{2}}(x+1) = 2 + \log_{\frac{1}{2}}(x+2)^2$

例題 次の不等式を解け.

$$\log_{0.3}(2x-1) > \log_{0.3}(4-x)$$

解 真数条件より

$$\begin{cases} 2x-1>0 \\ 4-x>0 \end{cases} \iff \begin{cases} x > \dfrac{1}{2} \\ x < 4 \end{cases}$$

したがって　$\dfrac{1}{2} < x < 4$　①

関数 $y = \log_{0.3} x$ は単調に減少するから　$2x - 1 < 4 - x$

したがって　$x < \dfrac{5}{3}$　②

①, ②より　$\dfrac{1}{2} < x < \dfrac{5}{3}$ //

249 次の不等式を解け.

(1) $\log_{0.1}(2x-1) > \log_{0.1}(1-x)$　　(2) $\log_{\frac{1}{2}} x > \log_{\frac{1}{2}}(x+1) + 2$

(3) $\left(\log_{\frac{1}{2}} x\right)^2 > \log_{\frac{1}{2}} x^3$

例題 次の方程式を解け.

$$(\log_2 x)(\log_8 x) + \log_4 x + \frac{1}{6} = 0$$

解 真数条件より $x > 0$

底の変換公式を用いて

$$(\log_2 x)\left(\frac{\log_2 x}{\log_2 8}\right) + \frac{\log_2 x}{\log_2 4} + \frac{1}{6} = 0$$

$\log_2 x = t$ とおくと

$$\frac{t^2}{3} + \frac{t}{2} + \frac{1}{6} = 0 \quad すなわち \quad 2t^2 + 3t + 1 = 0 \quad \therefore\ t = -\frac{1}{2},\ -1$$

したがって　$\log_2 x = -\frac{1}{2},\ -1 \quad \therefore\ x = \frac{1}{\sqrt{2}},\ \frac{1}{2}$

これらはいずれも真数条件を満たすから　$x = \frac{1}{\sqrt{2}},\ \frac{1}{2}$　//

250 次の方程式を解け．

(1) $(\log_2 x)(\log_8 4x) - \frac{8}{3} = 0$　　(2) $\log_2 2(x-1)^2 = 3\log_8(-3x+5)$

(3) $\log_2 x + \log_x 8 = 4$　　(4) $\log_{\sqrt{2}}(2-x) - \log_2(x+2) = 2$

例題 3^{100} は何桁の整数か．

解 常用対数をとると

$$\log_{10} 3^{100} = 100\log_{10} 3 = 100 \times 0.4771 = 47.71$$

よって

$$47 < \log_{10} 3^{100} < 48$$

すなわち

$$10^{47} < 3^{100} < 10^{48}$$

したがって　48 桁　//

251 次の整数は何桁の数か求めよ．ただし，$\log_{10} 2 = 0.3010$，$\log_{10} 3 = 0.4771$ とする．

(1) 2^{40}　　(2) 6^{100}

252 次の問いに答えよ．ただし，(1) においては $\log_{10} 2 = 0.3010$，$\log_{10} 3 = 0.4771$ とし，(2) においては $\log_{10} 7 = 0.8451$ とする．

(1) $2^n < 3^{14} < 2^{n+1}$ を満たす整数 n を求めよ．

(2) $10^{-5} < \left(\frac{7}{10}\right)^n < 10^{-4}$ を満たす整数 n は何個あるか．

Plus

科学技術の世界では，いろいろなところに指数・対数が現れる．ここでは，そのいくつかを例題で示す．

例題 1つの記憶素子（メモリー）は，0または1で表される2種類の情報を識別して記憶できる．これを1ビット (bit) といい，8ビットを1バイト (byte) という．1バイトの素子は $2^8 = 256$ 種類，n バイトでは $(2^8)^n = 2^{8n}$ 種類の情報を記憶できる．このとき，1キロバイトの素子はどれだけの情報を記憶できるか．ただし，1キロバイトは 2^{10} バイトすなわち1024バイトである．

解 記憶できる情報量を x とすると　$x = 2^{8\times1024}$

常用対数をとると　$\log_{10} x = 8 \times 1024 \log_{10} 2 = 2465.792$

対数表より　$0.7917 = \log_{10} 6.19$　$\therefore$　$10^{0.792} \fallingdotseq 6.2$

したがって　$x = 10^{2465.792} = 10^{0.792+2465} \fallingdotseq 6.2 \times 10^{2465}$　//

253 $\log_{10} 2 = 0.3010$ とするとき，2キロバイトの素子はどれだけの情報を記憶できるか求めよ．

例題 音の強さのレベルを表すとき，デシベル（dB）という単位を用いることがある．これは，現在の音の強さを P_1，人間が聞くことのできる最小の音の強さ（基準値）を P_0 とするとき，$n = 10\log_{10}\dfrac{P_1}{P_0}$（dB）で定義される．10dBの音と50dB音では，強さは何倍になるか．

解 10dB，50dBの音の強さをそれぞれ P_1, P_2 とすると

$$10\log_{10}\frac{P_1}{P_0} = 10 \quad \therefore \quad \log_{10} P_1 - \log_{10} P_0 = 1 \qquad ①$$

$$10\log_{10}\frac{P_2}{P_0} = 50 \quad \therefore \quad \log_{10} P_2 - \log_{10} P_0 = 5 \qquad ②$$

②から①を引いて

$$\log_{10} P_2 - \log_{10} P_1 = 4 \quad \text{すなわち} \quad \log_{10}\frac{P_2}{P_1} = 4$$

$$\therefore \quad \frac{P_2}{P_1} = 10^4 = 10000 \quad \text{よって} \quad 10000\text{倍}$$ //

254 天文では，星の明るさを表すのに等級を用いることが多い．これは，星の明るさを I，等級を m とするとき，$m = c - 2.5\log_{10} I$（c は定数）で与えられる．このとき，1等星は6等星の何倍の明るさか．

5 章 三角関数

1 三角比とその応用

まとめ

●三角比

$$\sin\alpha = \frac{Y}{r}$$

$$\cos\alpha = \frac{X}{r}$$

$$\tan\alpha = \frac{Y}{X}$$

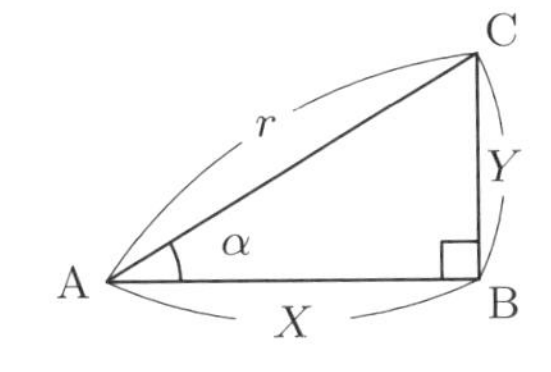

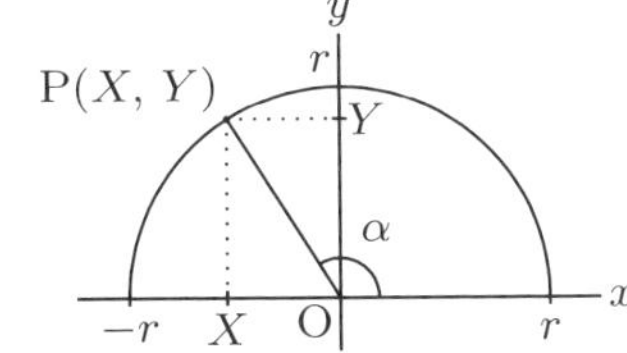

●三角比の性質と相互関係

$$\tan\alpha = \frac{\sin\alpha}{\cos\alpha}, \quad \sin^2\alpha + \cos^2\alpha = 1, \quad 1 + \tan^2\alpha = \frac{1}{\cos^2\alpha}$$

余角の関係 $(\alpha + \beta = 90^\circ)$

$$\sin\beta = \cos\alpha$$

$$\cos\beta = \sin\alpha$$

$$\tan\beta = \frac{1}{\tan\alpha}$$

補角の関係 $(\alpha + \beta = 180^\circ)$

$$\sin\beta = \sin\alpha$$

$$\cos\beta = -\cos\alpha$$

$$\tan\beta = -\tan\alpha$$

●正弦定理

$$\frac{a}{\sin A} = \frac{b}{\sin B} = \frac{c}{\sin C} = 2R$$

●余弦定理

$$a^2 = b^2 + c^2 - 2bc\cos A$$

$$b^2 = c^2 + a^2 - 2ca\cos B$$

$$c^2 = a^2 + b^2 - 2ab\cos C$$

$$\cos A = \frac{b^2 + c^2 - a^2}{2bc}, \quad \cos B = \frac{c^2 + a^2 - b^2}{2ca}, \quad \cos C = \frac{a^2 + b^2 - c^2}{2ab}$$

●三角形の面積

$$S = \frac{1}{2}bc\sin A = \frac{1}{2}ca\sin B = \frac{1}{2}ab\sin C$$

$$S = \sqrt{s(s-a)(s-b)(s-c)} \quad \left(s = \frac{a+b+c}{2}\right)$$ ヘロンの公式

Basic

255 次の三角形において，α の三角比を求めよ． →教p.127 問·1

(1)

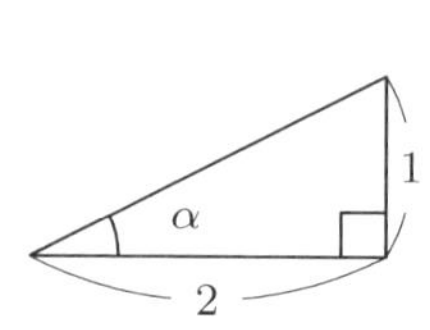

(2)

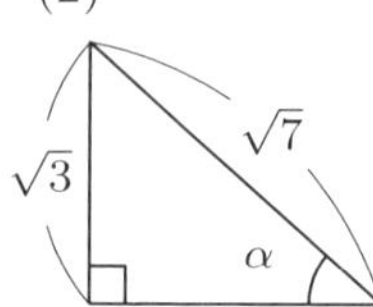

(3)

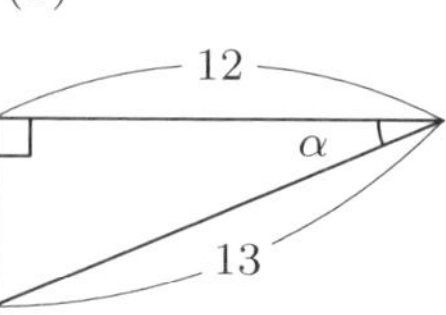

256 次の式の値を求めよ． →教p.127 問·2

(1) $\sin 60^\circ \cos 30^\circ - \cos 60^\circ \sin 30^\circ$　(2) $\cos 30^\circ \cos 60^\circ + \sin 30^\circ \sin 60^\circ$

(3) $\dfrac{\tan 60^\circ - \tan 45^\circ}{1 + \tan 60^\circ \tan 45^\circ}$

257 三角関数表を用いて，次の三角比を求めよ． →教p.128 問·3

(1) $\sin 6^\circ$　(2) $\cos 33^\circ$　(3) $\tan 84^\circ$

258 図のように，高さ 634 m のスカイツリーを，ある地点で地面から見上げる角度を測ると 22° であった．この地点のスカイツリーからの距離はおよそ何 m あるか． →教p.128 問·4

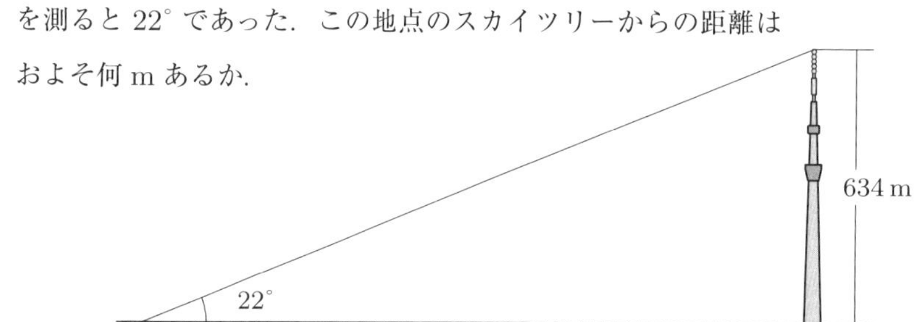

259 次の三角比を 45° より小さい角の三角比で表せ． →教p.129 問·5

(1) $\sin 81^\circ$　(2) $\cos 56^\circ$　(3) $\tan 77^\circ$

260 次の式の値を求めよ． →教p.130 問·6

(1) $\sin 45^\circ \cos 135^\circ - \cos 45^\circ \sin 135^\circ$

(2) $\dfrac{\tan 45^\circ - \tan 150^\circ}{1 + \tan 45^\circ \tan 150^\circ}$

(3) $\cos 120^\circ \cos 150^\circ + \tan 120^\circ \sin 150^\circ + \sin 120^\circ \tan 135^\circ$

261 三角関数表を用いて，次の三角比を求めよ． →教p.132 問·7

(1) $\sin 100^\circ$　(2) $\cos 176^\circ$　(3) $\tan 111^\circ$

262 次の問いに答えよ. →教 p.133 問・8

(1) α が鋭角で，$\sin\alpha = \dfrac{1}{4}$ のとき，$\cos\alpha$，$\tan\alpha$ の値を求めよ.

(2) α が鈍角で，$\sin\alpha = \dfrac{1}{4}$ のとき，$\cos\alpha$，$\tan\alpha$ の値を求めよ.

(3) α が鈍角で，$\cos\alpha = -\dfrac{5}{6}$ のとき，$\sin\alpha$，$\tan\alpha$ の値を求めよ.

263 次の問いに答えよ. →教 p.133 問・9

(1) α が鋭角で，$\tan\alpha = \dfrac{1}{3}$ のとき，$\sin\alpha$，$\cos\alpha$ の値を求めよ.

(2) α が鈍角で，$\tan\alpha = -2$ のとき，$\sin\alpha$，$\cos\alpha$ の値を求めよ.

264 $\triangle$ABC において，次の問いに答えよ. →教 p.134 問・10 問・11

(1) $b = 4$，$A = 30^\circ$，$B = 45^\circ$ のとき，a を求めよ.

(2) $b = 2$，$c = \sqrt{3}$，$B = 45^\circ$ のとき，$\sin C$ を求めよ.

(3) $c = 5$，$A = 45^\circ$，$B = 105^\circ$ のとき，a を求めよ.

265 1 辺が a の正三角形に外接する円の半径を求めよ. →教 p.134 問・10 問・11

266 $\triangle$ABC において，次の問いに答えよ. →教 p.135 問・12

(1) $b = 4$，$c = \sqrt{3}$，$A = 30^\circ$ のとき，a を求めよ.

(2) $a = \sqrt{3}$，$c = \sqrt{6}$，$B = 135^\circ$ のとき，b を求めよ.

(3) $a = 3\sqrt{3}$，$b = 2$，$C = 150^\circ$ のとき，c を求めよ.

267 $\triangle$ABC において，$a = 2$，$b = 4$，$c = 5$ のとき，$\cos A$，$\cos B$，$\cos C$ を求めよ. →教 p.136 問・13

268 次の $\triangle$ABC の面積を求めよ. →教 p.136 問・14

(1) $b = 5$，$c = 7$，$A = 45^\circ$　　(2) $a = 2$，$b = 3$，$C = 150^\circ$

269 $\triangle$ABC において，$a = 7$，$B = 30^\circ$ で面積が 9 のとき，c を求めよ. →教 p.136 問・15

270 $\triangle$ABC において，$a = 5$，$b = 6$，$c = 9$ のとき，次の値を求めよ. →教 p.137 例題 6

(1) $\cos C$　　(2) $\sin C$　　(3) $\triangle$ABC の面積 S

271 次の $\triangle$ABC の面積を求めよ. →教 p.137 問・16

(1) $a = 5$，$b = 7$，$c = 8$　　(2) $a = 2$，$b = 3$，$c = 4$

Check

272 次の三角形において，α の三角比を求めよ．

(1)

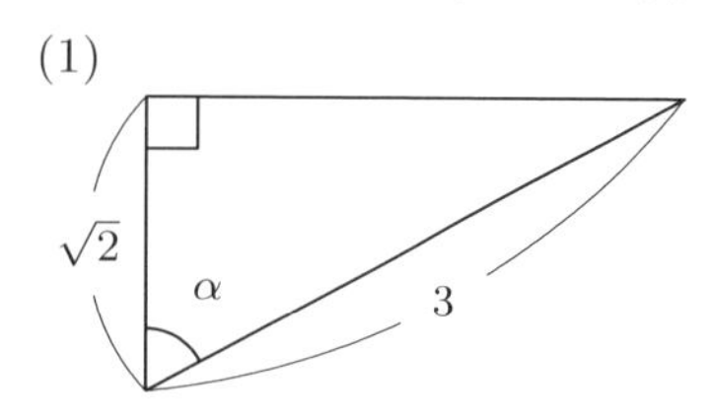

(2)

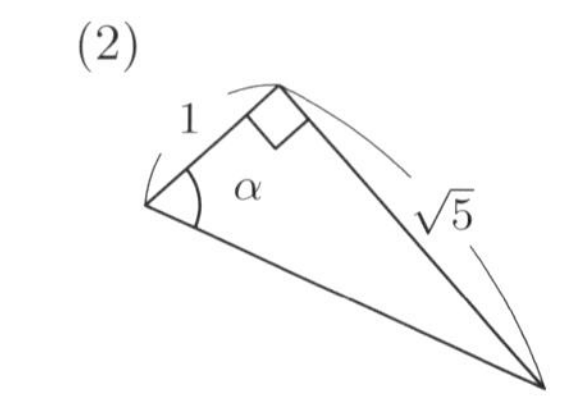

273 図において，次の値を求めよ．

(1) AB

(2) $\tan 15^\circ$

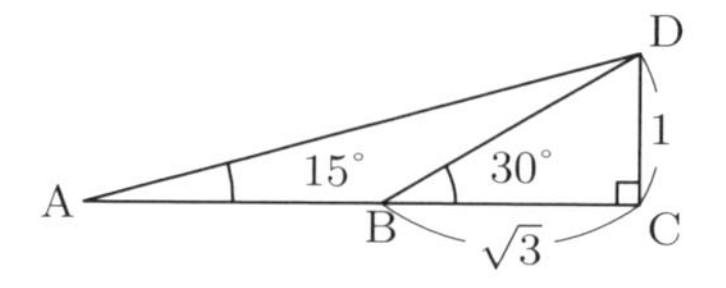

274 傾斜角が 34° で，2 地点 A, B 間の距離が 815m のケーブルカーがある．A 地点と B 地点の標高差を求めよ．ただし，$\sin 34^\circ = 0.5592$ である．

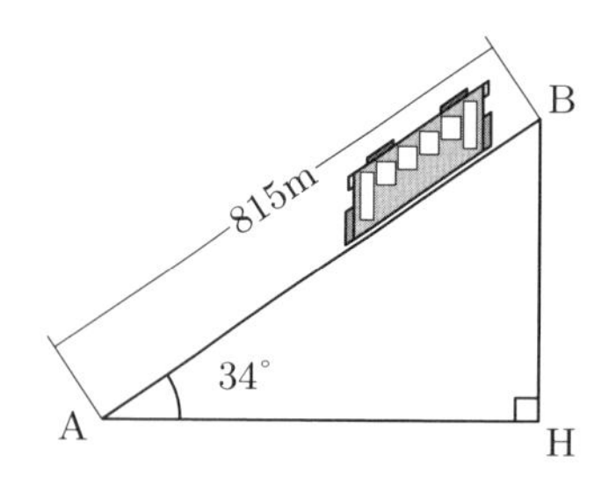

275 次の式の値を求めよ．

(1) $\sin 60^\circ \cos 30^\circ + \cos 120^\circ \sin 150^\circ + \sin 135^\circ \cos 180^\circ$

(2) $\dfrac{\tan 30^\circ - \tan 135^\circ - \tan 180^\circ}{1 + \tan 120^\circ \tan 45^\circ}$

276 α が鈍角で，$\cos\alpha = -\dfrac{2}{5}$ のとき，$\sin\alpha$，$\tan\alpha$ の値を求めよ．

277 α が鈍角で，$\tan\alpha = -3$ のとき，$\sin\alpha$，$\cos\alpha$ の値を求めよ．

278 $\triangle$ABC において，次の値を求めよ．

(1) $a = \sqrt{6}$，$B = 105^\circ$，$C = 30^\circ$ のときの外接円の半径 R と c

(2) $a = 3$，$b = 5$，$C = 120^\circ$ のときの c と面積 S

(3) $a = 3$，$b = 8$，$c = 7$ のとき，$\cos B$，$\sin B$ と面積 S

Step up

例題 △ABC において，次の等式が成り立つことを証明せよ．

$$a = b\cos C + c\cos B$$

解 Aから直線BCに垂線AHを引く．

(i) HがBC上にあるとき

BH $= c\cos B$，CH $= b\cos C$ より

左辺 $=$ BH $+$ CH $= c\cos B + b\cos C =$ 右辺

(ii) Hが辺BCの延長上にあるとき

BH $= c\cos B$，CH $= b\cos(180^\circ - C)$ より

左辺 $=$ BH $-$ CH $= c\cos B - b\cos(180^\circ - C)$

$= c\cos B + b\cos C =$ 右辺

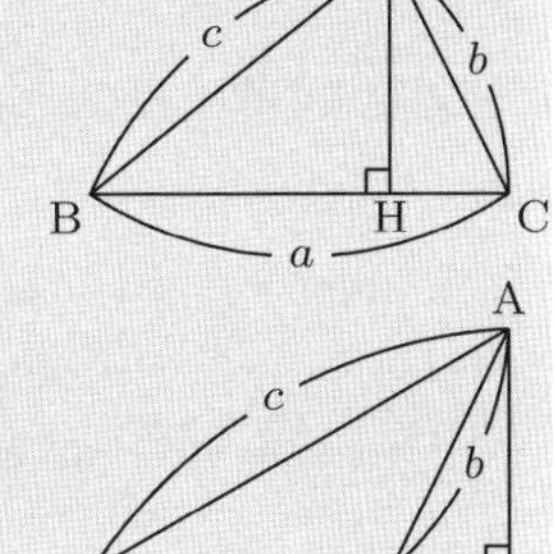

Hが辺CBの延長上にあるときも，同様にして成り立つ．　//

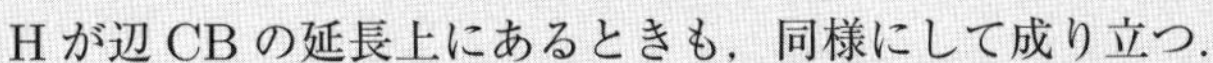

●**注**…△ABC において，$a = b\cos C + c\cos B$，$b = c\cos A + a\cos C$，$c = a\cos B + b\cos A$ を**第一余弦定理**という．

一方，$a^2 = b^2 + c^2 - 2bc\cos A$，$b^2 = c^2 + a^2 - 2ca\cos B$，$c^2 = a^2 + b^2 - 2ab\cos C$ を**第二余弦定理**という．

279 第一余弦定理を用いて，次の第二余弦定理の等式が成り立つことを証明せよ．

$$a^2 = b^2 + c^2 - 2bc\cos A$$

例題 1辺の長さが2の正四面体 O-ABC がある．図のように，点Oから平面ABCに垂線OHを引き，直線AHとBCの交点をMとすると，AH : HM = 2 : 1 となる．このとき ∠OAH $= \alpha$ はおよそ何度か．

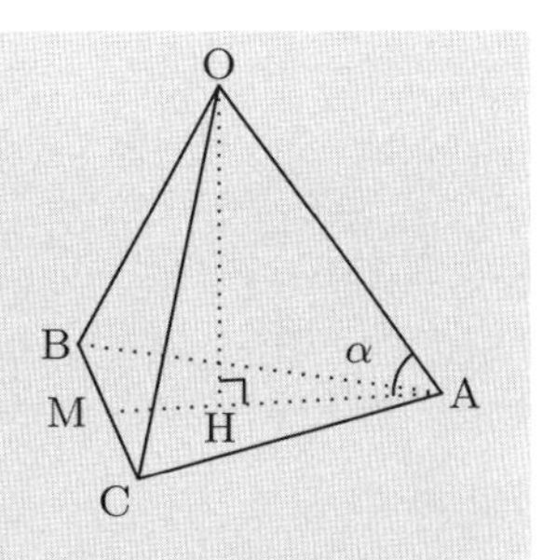

解 AM$= \sqrt{3}$ より　AH$= \dfrac{2\sqrt{3}}{3}$

$$\cos\alpha = \frac{\text{AH}}{\text{OA}} = \frac{\frac{2\sqrt{3}}{3}}{2} = \frac{\sqrt{3}}{3} = 0.5774$$

三角関数表から　$\alpha \fallingdotseq 55^\circ$　//

280 図の四角錐 O-ABCD において，底面 ABCD は1辺が 10 の正方形であり，側面は O を頂点とする合同な二等辺三角形である．また，高さ OH は 9 で，点 M は BC の中点である．このとき，次の角はおよそ何度か．

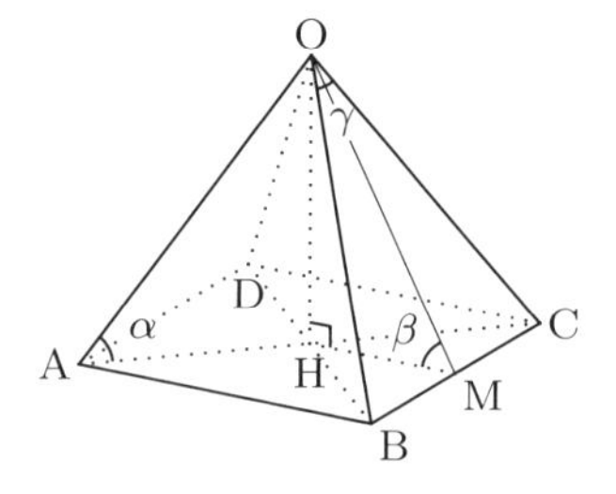

(1) $\angle\mathrm{OAH} = \alpha$　　(2) $\angle\mathrm{OMH} = \beta$　　(3) $\angle\mathrm{BOC} = \gamma$

例題 △ABC について，次の等式が成り立つことを証明せよ．ただし，R は △ABC の外接円の半径である．

$$\frac{a+b+c}{2R} = \sin A + \sin B + \sin C$$

解 正弦定理より $a = 2R\sin A$, $b = 2R\sin B$, $c = 2R\sin C$

よって　左辺 $= \dfrac{2R\sin A + 2R\sin B + 2R\sin C}{2R}$

$= \sin A + \sin B + \sin C =$ 右辺　//

281 △ABC の面積 S について，次の等式が成り立つことを証明せよ．ただし，R は △ABC の外接円の半径である．

$$S = \frac{abc}{4R} = 2R^2 \sin A \sin B \sin C$$

例題 四角形において，2つの対角線の長さを l, m，それらのなす角を θ とするとき，四角形の面積 S は $S = \dfrac{1}{2}lm\sin\theta$ と表されることを証明せよ．

解 四角形 ABCD において，AC と BD の交点を E，AC$= l$，BD $= m$，$\angle\mathrm{AEB} = \theta$ とする．点 A から直線 BD に垂線 AH を引き，AE $= l_1$，CE $= l_2$ とおくと　$\triangle\mathrm{ABD} = \dfrac{1}{2}m\cdot\mathrm{AH} = \dfrac{1}{2}ml_1\sin\theta$

同様に　$\triangle\mathrm{BCD} = \dfrac{1}{2}ml_2\sin\theta$　$\therefore\ S = \dfrac{1}{2}(l_1+l_2)m\sin\theta = \dfrac{1}{2}lm\sin\theta$　//

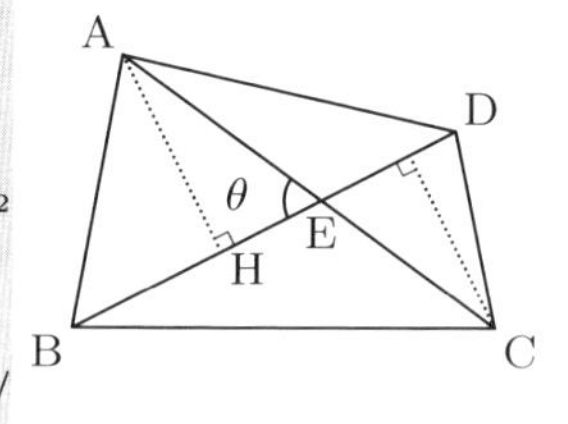

282 次の四角形の面積を求めよ．

(1) 2つの対角線の長さが 12, 14 で，それらのなす角が 60° である四角形

(2) AB $= 9$，BC $= 8$，CD $= 3$，DA $= 4$，BD $= 7$ である四角形 ABCD

例題 △ABC において，次の等式が成り立つことを証明せよ．

$$2\sin A\sin B\cos C = \sin^2 A + \sin^2 B - \sin^2 C$$

解 正弦定理より　$\sin A = \dfrac{a}{2R}$, $\sin B = \dfrac{b}{2R}$, $\sin C = \dfrac{c}{2R}$

余弦定理より　$\cos C = \dfrac{a^2+b^2-c^2}{2ab}$

左辺 $= 2 \cdot \dfrac{a}{2R} \cdot \dfrac{b}{2R} \cdot \dfrac{a^2+b^2-c^2}{2ab} = \dfrac{1}{4R^2}(a^2+b^2-c^2)$

右辺 $= \left(\dfrac{a}{2R}\right)^2 + \left(\dfrac{b}{2R}\right)^2 - \left(\dfrac{c}{2R}\right)^2 = \dfrac{1}{4R^2}(a^2+b^2-c^2)$

$\therefore$ 左辺 $=$ 右辺　//

283 $\triangle$ABC において，次の等式が成り立つことを証明せよ．

$$\sin B(b - a\cos C) = \sin C(c - a\cos B)$$

例題 $\triangle$ABC において，$a\cos A = b\cos B$ が成り立つとき，この三角形はどんな三角形か．

解　余弦定理より　$a \cdot \dfrac{b^2+c^2-a^2}{2bc} = b \cdot \dfrac{c^2+a^2-b^2}{2ca}$

両辺に $2abc$ をかけて整理すると　$a^4 - b^4 + b^2c^2 - a^2c^2 = 0$

左辺を因数分解すると　$(a+b)(a-b)(a^2+b^2-c^2) = 0$

$a+b>0$ だから，$a=b$ または $a^2+b^2=c^2$　よって，この三角形は

$a=b$ の二等辺三角形　または　$C=90^\circ$ の直角三角形　//

284 $\triangle$ABC において，次の関係が成り立つとき，この三角形はどんな三角形か．

(1) $\sin A = 2\cos B \sin C$　　(2) $\tan A : \tan B = a : b$

2 三角関数

まとめ

●一般角

動径 OP の表す角の 1 つを α とすると，OP の表す一般角 θ は

$$\theta = \alpha + 360^\circ \times n \quad (n \text{ は整数})$$

●弧度法

- $180^\circ = \pi$ (ラジアン)
- 半径 r，中心角 θ の扇形

弧の長さ $l = r\theta$，面積 $S = \dfrac{1}{2}r^2\theta = \dfrac{1}{2}rl$

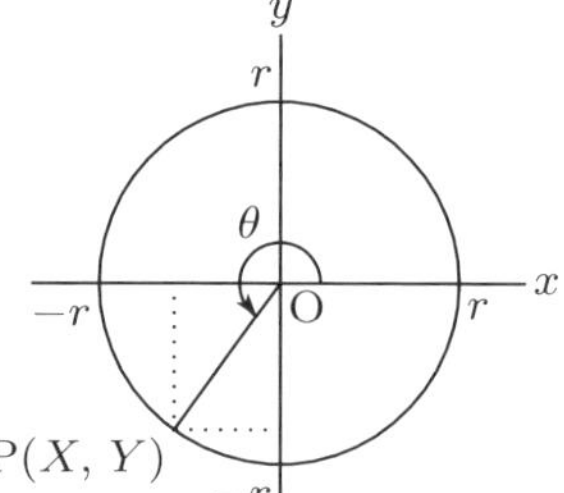

●三角関数

$$\sin\theta = \frac{Y}{r}, \quad \cos\theta = \frac{X}{r}, \quad \tan\theta = \frac{Y}{X}$$

●三角関数の性質と相互関係

$$\tan\theta = \frac{\sin\theta}{\cos\theta}, \quad \sin^2\theta + \cos^2\theta = 1, \quad 1 + \tan^2\theta = \frac{1}{\cos^2\theta}$$

$\sin(\theta + 2n\pi) = \sin\theta$　　$\sin(-\theta) = -\sin\theta$

$\cos(\theta + 2n\pi) = \cos\theta$　　$\cos(-\theta) = \cos\theta$

$\tan(\theta + 2n\pi) = \tan\theta$　　$\tan(-\theta) = -\tan\theta$

(n は整数)

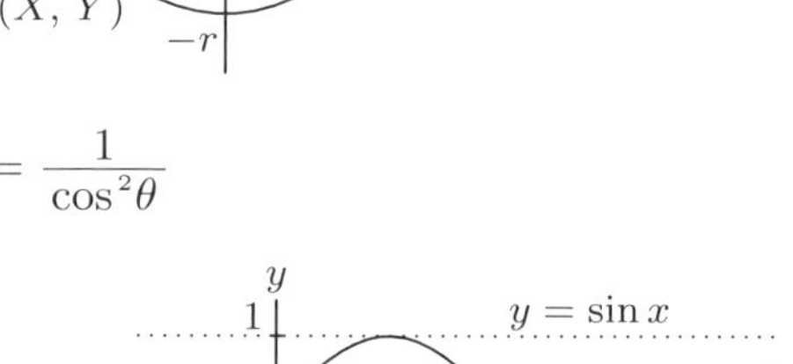

$\sin(\theta + \pi) = -\sin\theta$　　$\sin\left(\dfrac{\pi}{2} - \theta\right) = \cos\theta$

$\cos(\theta + \pi) = -\cos\theta$　　$\cos\left(\dfrac{\pi}{2} - \theta\right) = \sin\theta$

$\tan(\theta + \pi) = \tan\theta$　　$\tan\left(\dfrac{\pi}{2} - \theta\right) = \dfrac{1}{\tan\theta}$

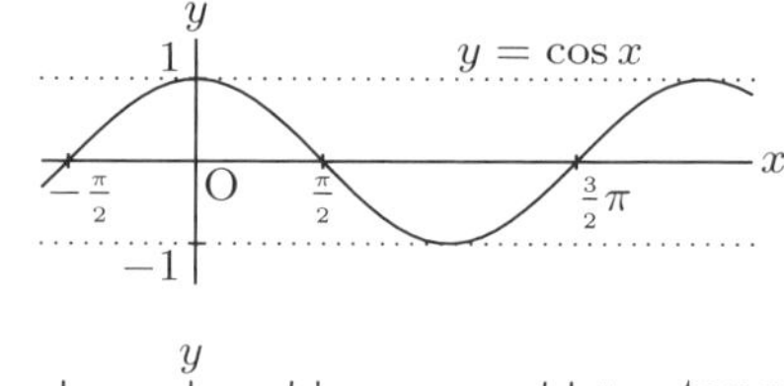

$\sin(\pi - \theta) = \sin\theta$　　$\sin\left(\theta + \dfrac{\pi}{2}\right) = \cos\theta$

$\cos(\pi - \theta) = -\cos\theta$　　$\cos\left(\theta + \dfrac{\pi}{2}\right) = -\sin\theta$

$\tan(\pi - \theta) = -\tan\theta$　　$\tan\left(\theta + \dfrac{\pi}{2}\right) = -\dfrac{1}{\tan\theta}$

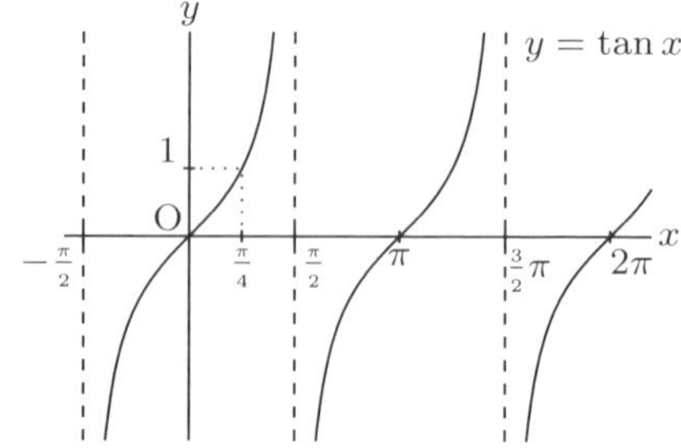

●三角関数のグラフ

- 周期　$\sin x$ と $\cos x$ の周期は 2π，$\tan x$ の周期は π
- 値域　$-1 \leqq \sin x \leqq 1$，$-1 \leqq \cos x \leqq 1$，$\tan x$ はすべての実数値
- $\cos x$ は偶関数 (y 軸対称)　　$\sin x$，$\tan x$ は奇関数 (原点対称)

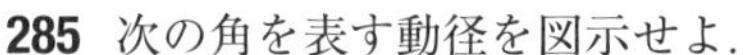

Basic

285 次の角を表す動径を図示せよ。 →教 p.141 問・1

(1) 630°　(2) -310°　(3) 490°

(4) -1120°　(5) 2000°

286 次の角は第何象限の角か。 →教 p.141 問・2

(1) 210°　(2) 400°　(3) -740°

(4) 820°　(5) -635°

287 次の三角関数の値を求めよ。 →教 p.142 問・3

(1) $\sin 210^\circ$　(2) $\cos 570^\circ$　(3) $\tan 390^\circ$

(4) $\sin 630^\circ$　(5) $\cos(-225^\circ)$　(6) $\tan(-480^\circ)$

288 次の角を弧度法で表せ。 →教 p.144 問・4

(1) 135°　(2) 36°　(3) -10°

(4) 240°　(5) -190°

289 次の角を 60 分法で表せ。 →教 p.144 問・5

(1) $\dfrac{\pi}{3}$　(2) $\dfrac{5}{4}\pi$　(3) $-\dfrac{2}{5}\pi$

(4) $\dfrac{7}{3}\pi$　(5) $-\dfrac{\pi}{9}$

290 次の三角関数の値を求めよ。 →教 p.144 問・6

(1) $\sin \dfrac{5}{3}\pi$　(2) $\cos \dfrac{5}{4}\pi$　(3) $\tan \dfrac{\pi}{6}$

291 次の値を求めよ。 →教 p.145 問・7

問・8 問・9

(1) 半径 4，中心角 $\dfrac{\pi}{6}$ (ラジアン) の扇形の弧の長さと面積

(2) 半径 3 の扇形の弧の長さが 2π のとき，中心角（ラジアン）と面積

292 次の等式を証明せよ。 →教 p.146 問・10

(1) $\tan\theta + \dfrac{1}{\tan\theta} = \dfrac{1}{\sin\theta\cos\theta}$

(2) $\dfrac{1}{1-\cos\theta} + \dfrac{1}{1+\cos\theta} = \dfrac{2}{\sin^2\theta}$

293 次の問いに答えよ。 →教 p.147 問・11

(1) θ が第 3 象限の角で，$\sin\theta = -\dfrac{4}{5}$ のとき，$\cos\theta$，$\tan\theta$ の値を求めよ。

(2) θ が第 4 象限の角で，$\cos\theta = \dfrac{1}{3}$ のとき，$\sin\theta$，$\tan\theta$ の値を求めよ。

(3) θ が第 3 象限の角で，$\tan\theta = 3$ のとき，$\cos\theta$，$\sin\theta$ の値を求めよ。

294 次の式を簡単にせよ． ➔教p.148 問·12 問·13

(1) $\cos\theta\sin\left(\dfrac{\pi}{2}-\theta\right)+\sin\theta\cos\left(\dfrac{\pi}{2}-\theta\right)$

(2) $\sin\left(\dfrac{\pi}{2}-\theta\right)-\sin(\pi+\theta)+\cos\left(\dfrac{\pi}{2}+\theta\right)+\cos(\pi-\theta)$

(3) $\tan(\pi+\theta)\sin\left(\dfrac{\pi}{2}+\theta\right)+\cos(\pi-\theta)\tan(\pi-\theta)$

295 次の関数の周期を求め，グラフをかけ． ➔教p.151 問·14

(1) $y=\sin\left(x-\dfrac{\pi}{2}\right)$　　(2) $y=\cos\left(x+\dfrac{\pi}{4}\right)$

296 次の関数の周期を求め，グラフをかけ． ➔教p.153 問·15

(1) $y=2\cos x$　　(2) $y=-\dfrac{1}{2}\sin x$

297 次の関数の周期を求め，グラフをかけ． ➔教p.154 問·16

(1) $y=\cos 2x$　　(2) $y=\sin\dfrac{x}{3}$

298 $0\leqq x<2\pi$ のとき，次の方程式および不等式を解け． ➔教p.155 問·17

(1) $\sin x=\dfrac{\sqrt{2}}{2}$　　(2) $\cos x=\dfrac{1}{2}$

(3) $\sin x\geqq\dfrac{\sqrt{3}}{2}$　　(4) $\cos x<-\dfrac{1}{\sqrt{2}}$

299 $0\leqq x<2\pi$ のとき，次の方程式を解け． ➔教p.155 問·18

(1) $\tan x=0$　　(2) $\tan x=-1$

Check

300 次の角を弧度法で表せ.

(1) 40°　(2) 50°　(3) -18°　(4) -210°

301 次の角を 60 分法で表せ.

(1) $-\dfrac{\pi}{4}$　(2) $\dfrac{2}{3}\pi$　(3) $-\dfrac{11}{6}\pi$　(4) $\dfrac{7}{5}\pi$

302 次の三角関数の値を求めよ.

(1) $\sin(-90^\circ)$　(2) $\cos 225^\circ$　(3) $\tan(-780^\circ)$

(4) $\sin\left(-\dfrac{17}{3}\pi\right)$　(5) $\cos\dfrac{17}{6}\pi$　(6) $\tan\dfrac{9}{4}\pi$

303 半径 5, 中心角 $\dfrac{\pi}{4}$(ラジアン) の扇形の弧の長さと面積を求めよ.

304 次の等式を証明せよ.

$$\frac{\sin\theta}{1-\cos\theta}-\frac{\sin\theta}{1+\cos\theta}=\frac{2}{\tan\theta}$$

305 θ が第 3 象限の角で, $\sin\theta=-\dfrac{1}{4}$ のとき, $\cos\theta$, $\tan\theta$ の値を求めよ.

306 次の関数の周期を求め, グラフをかけ.

(1) $y=\cos\left(x-\dfrac{\pi}{6}\right)$　(2) $y=2\sin 3x$

307 $0 \leqq x < 2\pi$ のとき, 次の方程式および不等式を解け.

(1) $\sin x=-\dfrac{\sqrt{2}}{2}$　(2) $\tan x=-\sqrt{3}$

(3) $2\sin x-1<0$　(4) $\cos x \leqq \dfrac{\sqrt{2}}{2}$

308 下の図は関数 $y=\sin x$ のグラフである. 図中の a, b, c の値を求めよ.

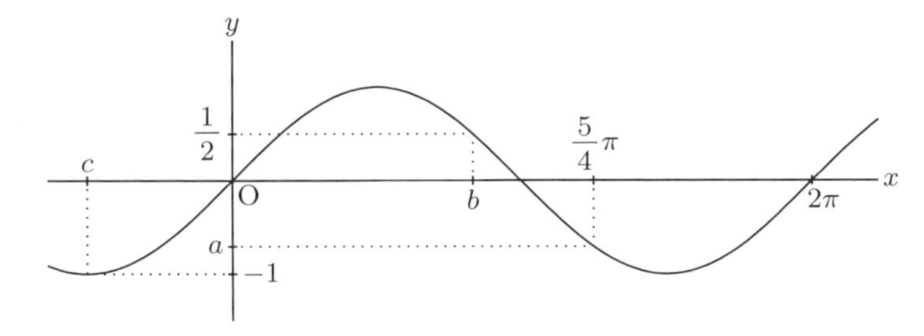

Step up

例題　母線の長さ l, 底面の円の半径が r の円錐の側面積 S を求めよ.

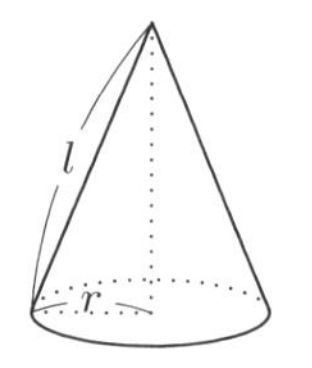

解　側面の展開図の弧の長さは $2\pi r$ だから

$$S = \frac{1}{2}l \cdot 2\pi r = \pi rl \qquad //$$

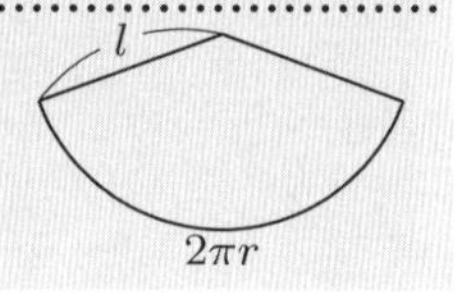

309　図のように, 直円錐台の上底面, 下底面の半径をそれぞれ r_1, r_2 とし, 母線 AB の長さを l とする. このとき, 直円錐台の側面積 S は, $S = \pi(r_1 + r_2)l$ であることを証明せよ.

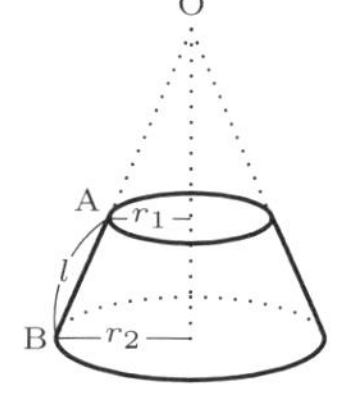

310　周囲の長さ 12 の扇形で, 面積が最大になるのは半径がいくつのときか.

例題　$\sin\theta + \cos\theta = \dfrac{1}{3}$ のとき, この $\sin\theta$, $\cos\theta$ を解とする 2 次方程式をつくれ.

解　両辺を 2 乗して　$1 + 2\sin\theta\cos\theta = \dfrac{1}{9}$　$\therefore\ \sin\theta\cos\theta = -\dfrac{4}{9}$

$\sin\theta + \cos\theta = \dfrac{1}{3}$, $\sin\theta\cos\theta = -\dfrac{4}{9}$ より, 解と係数の関係から

$$x^2 - \frac{1}{3}x - \frac{4}{9} = 0 \quad \text{すなわち} \quad 9x^2 - 3x - 4 = 0 \qquad //$$

311　2 次方程式 $3x^2 - 2x + k = 0$ の 2 つの解が $\sin\theta$, $\cos\theta$ であるとき, 定数 k の値を求めよ.

例題　$y = 2\sin\left(3x - \dfrac{\pi}{4}\right)$ のグラフをかけ. また, その周期を求めよ.

解　$y = 2\sin 3\left(x - \dfrac{\pi}{12}\right)$ だから, グラフは $y = 2\sin 3x$ のグラフを x 軸方向に $\dfrac{\pi}{12}$ 平行移動すればよい. 周期は, $y = 2\sin 3x$ の周期と等しく, $\dfrac{2}{3}\pi$ である.

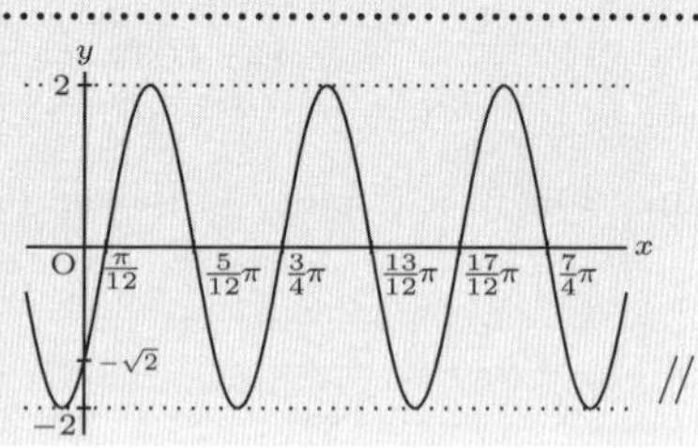

//

312　次の関数のグラフをかけ. また, その周期を求めよ.

(1) $y = \sin\left(2x - \dfrac{\pi}{2}\right)$　(2) $y = \dfrac{1}{2}\cos\left(3x - \dfrac{\pi}{4}\right)$　(3) $y = -\tan\left(2x - \dfrac{\pi}{2}\right)$

例題　次の方程式を解け. ただし, $0 \leqq x < 2\pi$ とする.

$$2\sin\left(x + \frac{\pi}{4}\right) = 1$$

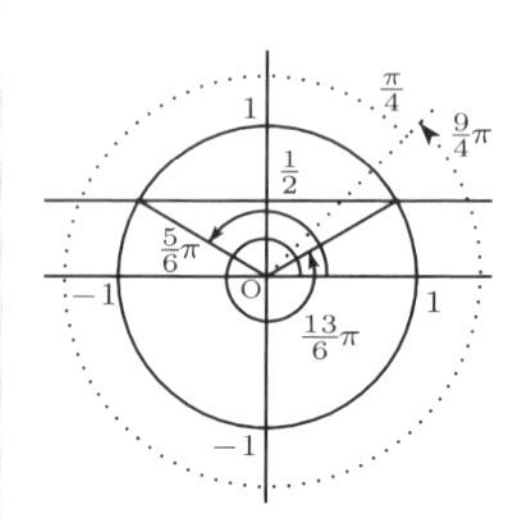

解　$x + \dfrac{\pi}{4} = X$ とおくと　$2\sin X = 1$　すなわち　$\sin X = \dfrac{1}{2}$　①

$0 \leqq x < 2\pi$ より　$\dfrac{\pi}{4} \leqq X < \dfrac{9}{4}\pi$　したがって, ①の解は　$X = \dfrac{5}{6}\pi$, $\dfrac{13}{6}\pi$

$$\therefore\ x = \frac{7}{12}\pi,\ \frac{23}{12}\pi \qquad //$$

313 次の方程式を解け．ただし，$0 \leqq x < 2\pi$ とする．

(1) $2\cos\left(x+\dfrac{\pi}{3}\right)=\sqrt{3}$　　(2) $\sin 2x=\dfrac{1}{2}$　　(3) $2\sin\left(2x-\dfrac{\pi}{6}\right)=1$

例題 $0 \leqq x < 2\pi$ のとき，不等式 $\tan x > \dfrac{1}{\sqrt{3}}$ を解け．

解 $0 \leqq x < 2\pi$ のとき，方程式 $\tan x = \dfrac{1}{\sqrt{3}}$ を解くと　$x=\dfrac{\pi}{6},\ \dfrac{7}{6}\pi$

正接曲線 $y=\tan x$ が直線 $y=\dfrac{1}{\sqrt{3}}$ より上にある x の範囲を求めて

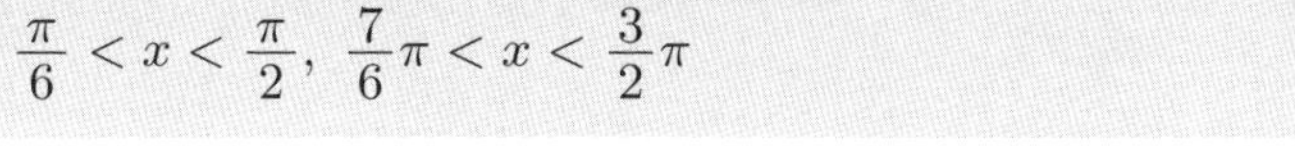

$\dfrac{\pi}{6}<x<\dfrac{\pi}{2},\ \dfrac{7}{6}\pi<x<\dfrac{3}{2}\pi$　//

314 $0 \leqq x < 2\pi$ のとき，不等式 $\tan x \leqq \sqrt{3}$ を解け．

例題 $0 \leqq x < 2\pi$ のとき，方程式 $2\sin^2 x+\cos x-1=0$ を解け．
また，不等式 $2\sin^2 x+\cos x-1 \leqq 0$ を解け．

解 左辺 $=2(1-\cos^2 x)+\cos x-1=-2\cos^2 x+\cos x+1$

$\cos x=t$ とおくと $-1 \leqq t \leqq 1$ で　左辺 $=-2t^2+t+1$

方程式は $2t^2-t-1=0$，すなわち $(2t+1)(t-1)=0$ だから　$t=-\dfrac{1}{2},\ 1$

$\cos x=-\dfrac{1}{2},\ 1$ より　$x=\dfrac{2}{3}\pi,\ \dfrac{4}{3}\pi,\ 0$

不等式は $2t^2-t-1 \geqq 0$ だから　$t \leqq -\dfrac{1}{2},\ t \geqq 1$

$-1 \leqq t \leqq -\dfrac{1}{2},\ t=1$ より　$\dfrac{2}{3}\pi \leqq x \leqq \dfrac{4}{3}\pi,\ x=0$　//

315 $0 \leqq x < 2\pi$ のとき，次の方程式および不等式を解け．

(1) $2\cos^2 x+\sin x-1=0$　　(2) $2\sin^2 x+5\cos x-4<0$

316 関数 $y=\sin^2 x-\sin x-1\ \ (0 \leqq x < 2\pi)$ について，次の問いに答えよ．

(1) $\sin x=t$ とおいて，y を t で表し，そのグラフをかけ．

(2) y の最大値と最小値，およびそのときの x の値を求めよ．

例題 連立不等式 $\begin{cases} 2\sin x<-1 \\ \cos x \leqq 0 \end{cases}$ を解け．ただし，$0 \leqq x < 2\pi$ とする．

解 $\sin x<-\dfrac{1}{2}$ より $\dfrac{7}{6}\pi<x<\dfrac{11}{6}\pi$

$\cos x \leqq 0$ より $\dfrac{\pi}{2} \leqq x \leqq \dfrac{3}{2}\pi$　　$\therefore\ \dfrac{7}{6}\pi<x \leqq \dfrac{3}{2}\pi$　//

317 次の連立不等式を解け．ただし，$0 \leqq x < 2\pi$ とする．

(1) $\begin{cases} 2\sin x-1>0 \\ 2\cos x-\sqrt{2} \leqq 0 \end{cases}$　　(2) $\begin{cases} \tan x+1<0 \\ 2\cos x<1 \end{cases}$

3 加法定理とその応用

まとめ

●加法定理

$$\sin(\alpha \pm \beta) = \sin\alpha\cos\beta \pm \cos\alpha\sin\beta$$

$$\cos(\alpha \pm \beta) = \cos\alpha\cos\beta \mp \sin\alpha\sin\beta$$

$$\tan(\alpha \pm \beta) = \frac{\tan\alpha \pm \tan\beta}{1 \mp \tan\alpha\tan\beta}$$

(いずれも複号同順)

●2倍角の公式

$$\sin 2\alpha = 2\sin\alpha\cos\alpha$$

$$\cos 2\alpha = \cos^2\alpha - \sin^2\alpha = 2\cos^2\alpha - 1 = 1 - 2\sin^2\alpha$$

$$\tan 2\alpha = \frac{2\tan\alpha}{1 - \tan^2\alpha}$$

●半角の公式

$$\sin^2\frac{\alpha}{2} = \frac{1 - \cos\alpha}{2},\quad \cos^2\frac{\alpha}{2} = \frac{1 + \cos\alpha}{2},\quad \tan^2\frac{\alpha}{2} = \frac{1 - \cos\alpha}{1 + \cos\alpha}$$

●積を和・差に直す公式

$$\sin\alpha\cos\beta = \frac{1}{2}\{\sin(\alpha + \beta) + \sin(\alpha - \beta)\}$$

$$\cos\alpha\sin\beta = \frac{1}{2}\{\sin(\alpha + \beta) - \sin(\alpha - \beta)\}$$

$$\cos\alpha\cos\beta = \frac{1}{2}\{\cos(\alpha + \beta) + \cos(\alpha - \beta)\}$$

$$\sin\alpha\sin\beta = -\frac{1}{2}\{\cos(\alpha + \beta) - \cos(\alpha - \beta)\}$$

●和・差を積に直す公式

$$\sin A + \sin B = 2\sin\frac{A + B}{2}\cos\frac{A - B}{2}$$

$$\sin A - \sin B = 2\cos\frac{A + B}{2}\sin\frac{A - B}{2}$$

$$\cos A + \cos B = 2\cos\frac{A + B}{2}\cos\frac{A - B}{2}$$

$$\cos A - \cos B = -2\sin\frac{A + B}{2}\sin\frac{A - B}{2}$$

●三角関数の合成

$$a\sin x + b\cos x = \sqrt{a^2 + b^2}\sin(x + \alpha)$$

$$\left(ただし，\cos\alpha = \frac{a}{\sqrt{a^2 + b^2}},\ \sin\alpha = \frac{b}{\sqrt{a^2 + b^2}}\right)$$

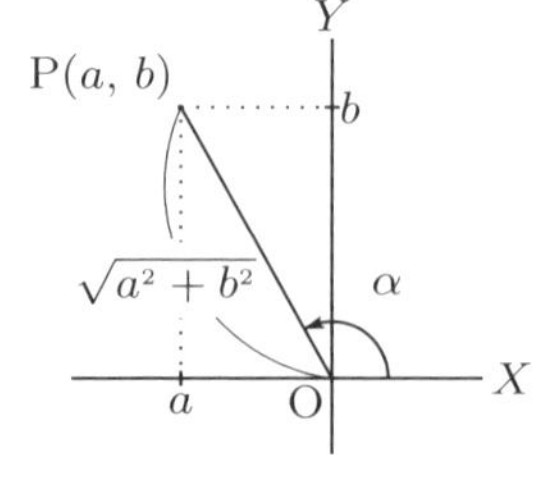

Basic

318 $\sin 105^\circ$, $\cos 105^\circ$, $\tan 105^\circ$ の値を求めよ. →教 p.159 問·1

319 $\sin\left(\theta+\dfrac{\pi}{3}\right)$, $\cos\left(\theta+\dfrac{\pi}{4}\right)$ を $\sin\theta$ と $\cos\theta$ でそれぞれ表せ. →教 p.159 問·2

320 α が第 2 象限の角, β が第 4 象限の角で, $\sin\alpha=\dfrac{3}{4}$, $\cos\beta=\dfrac{1}{3}$ であるとき, 次の値を求めよ. →教 p.160 問·3

(1) $\sin(\alpha+\beta)$　　(2) $\cos(\alpha+\beta)$

321 次の問いに答えよ. →教 p.160 問·4

(1) $\tan\alpha=-2$, $\tan\beta=\dfrac{1}{5}$ のとき, $\tan(\alpha+\beta)$ の値を求めよ.

(2) $0<\alpha<\dfrac{\pi}{2}$, $0<\beta<\dfrac{\pi}{2}$, $\tan\alpha=\dfrac{3}{2}$, $\tan\beta=5$ のとき, $\tan(\alpha+\beta)$ の値および角 $\alpha+\beta$ を求めよ.

322 α が第 2 象限の角で, $\sin\alpha=\dfrac{2}{3}$ のとき, $\sin 2\alpha$, $\cos 2\alpha$, $\tan 2\alpha$ の値を求めよ. →教 p.161 問·5

323 $\cos\dfrac{\pi}{12}$ の値を求めよ. →教 p.162 問·6

324 $\pi<\alpha<\dfrac{3}{2}\pi$ で $\cos\alpha=-\dfrac{4}{5}$ のとき, $\sin\dfrac{\alpha}{2}$, $\cos\dfrac{\alpha}{2}$ $\tan\dfrac{\alpha}{2}$ の値を求めよ. →教 p.162 問·7

325 次の式を和・差の形に直せ. →教 p.163 問·8

(1) $\cos 5\theta\sin 2\theta$　　(2) $\sin 3\theta\sin 2\theta$

(3) $\cos 4\theta\cos\theta$　　(4) $\sin 3\theta\cos 7\theta$

326 次の式を積の形に直せ. →教 p.164 問·9

(1) $\sin 5\theta+\sin\theta$　　(2) $\cos 6\theta+\cos 2\theta$

(3) $\cos\theta-\cos 5\theta$　　(4) $\sin 2\theta-\sin 3\theta$

327 次の式を 1 つの三角関数で表せ. →教 p.165 問·10

(1) $y=\dfrac{1}{2}\sin x+\dfrac{\sqrt{3}}{2}\cos x$　　(2) $y=2\sin x-2\cos x$

328 関数 $y=\sqrt{3}\sin x+\cos x\ (0\leqq x\leqq 2\pi)$ の最大値と最小値, およびそのときの x の値を求めよ. →教 p.166 問·11

Check

329 α, β はともに第2象限の角で，$\sin\alpha = \dfrac{\sqrt{2}}{3}$，$\cos\beta = -\dfrac{2}{5}$ であるとき，次の値を求めよ．

(1) $\sin(\alpha+\beta)$　　(2) $\cos(\alpha-\beta)$

330 $\tan\alpha = \dfrac{1}{4}$，$\tan\beta = -3$ のとき，$\tan(\alpha+\beta)$ の値を求めよ．

331 α が第1象限の角で，$\cos\alpha = \dfrac{3}{5}$ のとき，次の値を求めよ．

(1) $\sin 2\alpha$　　(2) $\cos 2\alpha$　　(3) $\tan 2\alpha$

332 $\dfrac{3}{2}\pi < \alpha < 2\pi$ で $\cos\alpha = \dfrac{1}{4}$ のとき，次の値を求めよ．

(1) $\sin\dfrac{\alpha}{2}$　　(2) $\cos\dfrac{\alpha}{2}$　　(3) $\tan\dfrac{\alpha}{2}$

333 次の等式を証明せよ．

$$\cos^4\theta - \sin^4\theta = \cos 2\theta$$

334 積を和・差に直す公式を用いて，次の式を簡単にせよ．

(1) $2\sin(\theta+120^\circ)\cos(30^\circ-\theta)$　　(2) $\cos\dfrac{2\theta+3\pi}{4}\cos\dfrac{2\theta-3\pi}{4}$

335 和・差を積に直す公式を用いて，次の式を簡単にせよ．

(1) $\sin 100^\circ + \sin 40^\circ$　　(2) $\cos 100^\circ - \cos 20^\circ$

336 次の関数を1つの三角関数で表し，グラフをかけ．

$$y = 3\sin x - \sqrt{3}\cos x$$

Step up

例題 等式 $\dfrac{1}{\tan 2\theta}=\dfrac{1}{2\tan\theta}-\dfrac{\tan\theta}{2}$ を証明せよ.

解 $\tan 2\theta=\dfrac{\sin 2\theta}{\cos 2\theta}$ と2倍角の公式より

左辺 $=\dfrac{\cos^2\theta-\sin^2\theta}{2\sin\theta\cos\theta}=\dfrac{\cos\theta}{2\sin\theta}-\dfrac{\sin\theta}{2\cos\theta}=\dfrac{1}{2\tan\theta}-\dfrac{\tan\theta}{2}=$ 右辺 //

337 次の等式を証明せよ.

(1) $\dfrac{1}{\tan\theta}-\dfrac{1}{\tan 2\theta}=\dfrac{1}{\sin 2\theta}$　　(2) $\dfrac{1+\sin 2x-\cos 2x}{1+\sin 2x+\cos 2x}=\tan x$

例題 次の方程式および不等式を解け. ただし, $0\leqq x<2\pi$ とする.

(1) $\sin 2x\leqq\cos x$　　(2) $\cos 3x=\cos x$

解 (1) $2\sin x\cos x\leqq\cos x$ より　$(2\sin x-1)\cos x\leqq 0$

したがって $\begin{cases}2\sin x-1\leqq 0\\ \cos x\geqq 0\end{cases}$ または $\begin{cases}2\sin x-1\geqq 0\\ \cos x\leqq 0\end{cases}$

これより　$0\leqq x\leqq\dfrac{\pi}{6},\ \dfrac{3}{2}\pi\leqq x<2\pi$　または　$\dfrac{\pi}{2}\leqq x\leqq\dfrac{5}{6}\pi$

よって, 求める解は　$0\leqq x\leqq\dfrac{\pi}{6},\ \dfrac{3}{2}\pi\leqq x<2\pi,\ \dfrac{\pi}{2}\leqq x\leqq\dfrac{5}{6}\pi$

(2) $\cos 3x-\cos x=0$ より, 差を積に直すと $-2\sin 2x\sin x=0$

$0\leqq x<2\pi$ より $0\leqq 2x<4\pi$

よって　$\sin 2x=0$ から $2x=0,\ \pi,\ 2\pi,\ 3\pi$

$\sin x=0$ から $x=0,\ \pi$　　$\therefore\ x=0,\ \dfrac{\pi}{2},\ \pi,\ \dfrac{3}{2}\pi$ //

338 次の方程式および不等式を解け. ただし, $0\leqq x<2\pi$ とする.

(1) $\cos 2x=\sin x$　(2) $\sin 2x\geqq\sqrt{3}\cos x$　(3) $\sin 3x=\sin x$

(4) $\sin x+\sin 3x=\sin 2x+\sin 4x$　(5) $\cos x+\cos 2x+\cos 3x=0$

例題 関数 $y=\cos^2 x$ のグラフをかけ.

解 半角の公式から

$y=\dfrac{1+\cos 2x}{2}$

$=\dfrac{1}{2}\cos 2x+\dfrac{1}{2}$

よってグラフは右のようになる.

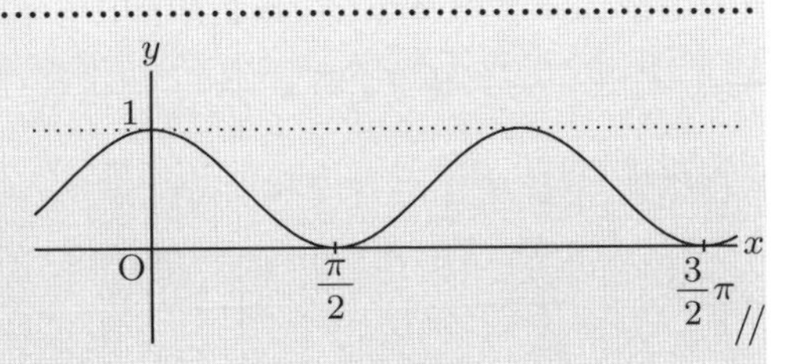

//

339 次の関数のグラフをかけ.

(1) $y=\sin^2 x$　(2) $y=\cos x+\cos\left(x-\dfrac{\pi}{3}\right)$　(3) $y=2\sin x\cos\left(x+\dfrac{\pi}{6}\right)$

(2)(3) 積 ↔ 和・差の公式を用いよ.

例題 $\sin 2A = \sin 2B$ が成り立つとき，△ABC はどんな三角形か.

解 $\sin 2A - \sin 2B = 0$ より，差を積に直す公式を用いて左辺を変形すると

$$2\cos(A+B)\sin(A-B) = 0 \quad \therefore\ \cos(A+B) = 0,\ \sin(A-B) = 0$$

$\cos(A+B) = 0$ より　$A + B = \dfrac{\pi}{2}$　$\therefore\ C = \dfrac{\pi}{2}$

$\sin(A-B) = 0$ より　$A - B = 0$　$\therefore\ A = B$

したがって，C が直角の直角三角形　または　$A = B$ の二等辺三角形　//

$0 < A + B < \pi$

$-\pi < A - B < \pi$

340 次の等式が成り立つとき，△ABC はどんな三角形か.

(1) $\sin 2A + \sin 2B = 2\sin C$　　(2) $\cos 2A + \cos 2B = 2\cos C$

341 $\alpha + \beta + \gamma = \pi$ のとき，次の等式を証明せよ.

$$\sin\alpha + \sin\beta + \sin\gamma = 4\cos\frac{\alpha}{2}\cos\frac{\beta}{2}\cos\frac{\gamma}{2}$$

$\dfrac{\alpha+\beta}{2} = \dfrac{\pi}{2} - \dfrac{\gamma}{2}$

342 次の式の値を求めよ.

(1) $\sin 10^\circ \sin 50^\circ \sin 70^\circ$　　(2) $\sin 80^\circ - \sin 20^\circ - \sin 40^\circ$

積 ↔ 和・差の公式を用いよ.

例題 関数 $y = \sin^2 x + 2\sin x\cos x + 3\cos^2 x$ の最大値と最小値，およびそのときの x の値を求めよ．ただし，$0 \leqq x < 2\pi$ とする.

解 2倍角および半角の公式から

$$y = \frac{1-\cos 2x}{2} + \sin 2x + 3\cdot\frac{1+\cos 2x}{2} = \sin 2x + \cos 2x + 2$$

三角関数の合成から　$y = \sqrt{2}\sin\left(2x + \dfrac{\pi}{4}\right) + 2$

$0 \leqq x < 2\pi$ より，$\dfrac{\pi}{4} \leqq 2x + \dfrac{\pi}{4} < 4\pi + \dfrac{\pi}{4}$

$x = \dfrac{\pi}{8},\ \dfrac{9}{8}\pi\ \left(2x + \frac{\pi}{4} = \frac{\pi}{2},\ \frac{5}{2}\pi\right)$ のとき　最大値 $2 + \sqrt{2}$

$x = \dfrac{5}{8}\pi,\ \dfrac{13}{8}\pi\ \left(2x + \frac{\pi}{4} = \frac{3}{2}\pi,\ \frac{7}{2}\pi\right)$ のとき　最小値 $2 - \sqrt{2}$　//

343 関数 $y = 3\sin^2 x + 2\sqrt{3}\sin x\cos x + \cos^2 x$ の最大値と最小値，およびそのときの x の値を求めよ．ただし，$0 \leqq x < 2\pi$ とする.

344 $f(x) = a\sin x + b\cos x$ が $x = \dfrac{\pi}{3}$ のとき最大値2をとり，$x = \dfrac{4}{3}\pi$ のとき最小値 -2 をとるように，定数 a，b の値を定めよ.

先に最大最小から合成の形を決めて，それを展開する.

345 次の方程式を解け．ただし，$0 \leqq x < 2\pi$ とする.

(1) $\sin x + \cos x = \dfrac{1}{\sqrt{2}}$　　(2) $\sin x - \sqrt{3}\cos x + \sqrt{2} = 0$

346 関数 $y = 2\sin x + \cos\left(x + \dfrac{\pi}{6}\right)$ のグラフをかけ.

cos を展開してから，三角関数の合成をする.

Plus

三角関数を含む方程式または不等式の解で，角の範囲に何も制限のつかないものを，与えられた方程式または不等式の**一般解**という．

例題 次の方程式，不等式の一般解を求めよ．

(1) $\cos x = \dfrac{1}{2}$　　(2) 不等式 $\cos x > \dfrac{1}{2}$

解 (1) 図より $-\pi < x \leqq \pi$ における解は　$x = -\dfrac{\pi}{3},\ \dfrac{\pi}{3}$

したがって，一般解は

$$x = -\frac{\pi}{3} + 2n\pi,\ \frac{\pi}{3} + 2n\pi \quad (n \text{ は整数})$$

(2) 図より $-\pi < x \leqq \pi$ における解は　$-\dfrac{\pi}{3} < x < \dfrac{\pi}{3}$

したがって，一般解は

$$-\frac{\pi}{3} + 2n\pi < x < \frac{\pi}{3} + 2n\pi \quad (n \text{ は整数})$$

//

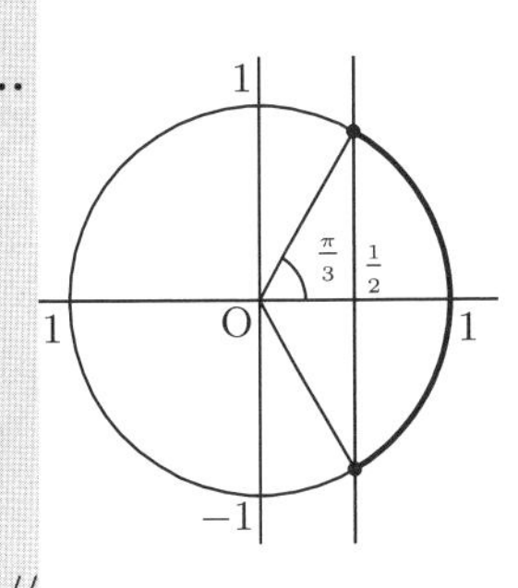

347 次の方程式，不等式の一般解を求めよ．

(1) $\sqrt{2}\cos x = 1$　　(2) $\sqrt{3}\tan x = 1$

(3) $2\cos^2 x = \sin x + 1$　　(4) $\tan x = \sqrt{2}\cos x$

(5) $2\cos\left(x - \dfrac{\pi}{3}\right) = -1$　　(6) $\sqrt{2}\sin x \leqq 1$

(7) $\tan x \geqq 1$　　(8) $\sqrt{3}\sin x - \cos x > 1$

例題 $\sin\dfrac{x}{2} \neq 0$ のとき，次の等式を証明せよ．

$$\frac{1}{2} + \cos x + \cos 2x + \cos 3x = \frac{\sin\frac{7}{2}x}{2\sin\frac{x}{2}}$$

解 $S(x) = \dfrac{1}{2} + \cos x + \cos 2x + \cos 3x$ とおく．

$$S(x)\sin\frac{x}{2} = \frac{1}{2}\sin\frac{x}{2} + \cos x\sin\frac{x}{2} + \cos 2x\sin\frac{x}{2} + \cos 3x\sin\frac{x}{2}$$

$$= \frac{1}{2}\sin\frac{x}{2} + \frac{1}{2}\left(\sin\frac{3}{2}x - \sin\frac{x}{2}\right)$$

$$+\frac{1}{2}\left(\sin\frac{5}{2}x - \sin\frac{3}{2}x\right) + \frac{1}{2}\left(\sin\frac{7}{2}x - \sin\frac{5}{2}x\right)$$

$$= \frac{1}{2}\sin\frac{7}{2}x$$

よって $S(x) = \dfrac{\sin\frac{7}{2}x}{2\sin\frac{x}{2}}$

348 $\sin\dfrac{x}{2} \neq 0$ のとき，次の等式を証明せよ．

$$\sin x + \sin 2x + \sin 3x + \sin 4x = \frac{\sin 2x \sin\frac{5}{2}x}{\sin\frac{x}{2}}$$

6章 図形と式

1 点と直線

まとめ

●2点間の距離と内分点

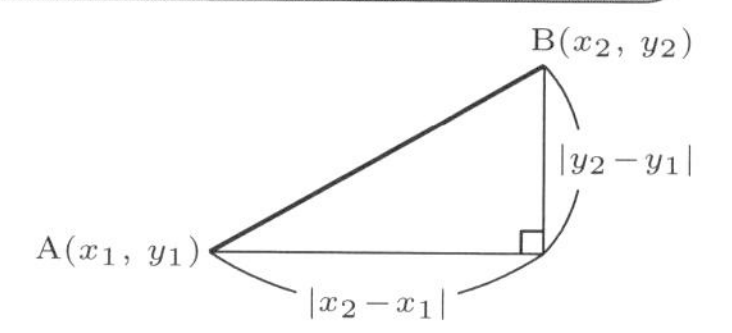

2点 A$(x_1,\ y_1)$, B$(x_2,\ y_2)$ について

- 2点間の距離　AB$=\sqrt{(x_2-x_1)^2+(y_2-y_1)^2}$

  特に，原点Oと点Aとの距離は　OA $=\sqrt{x_1{}^2+y_1{}^2}$

- ABを $m:n$ の比に内分する点は　$\left(\dfrac{nx_1+mx_2}{m+n},\ \dfrac{ny_1+my_2}{m+n}\right)$

  特に，中点は　$\left(\dfrac{x_1+x_2}{2},\ \dfrac{y_1+y_2}{2}\right)$

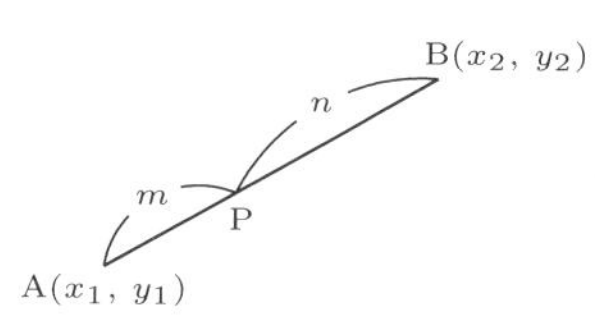

●三角形の重心

- △ABC において，3辺 BC, CA, AB の中点それぞれを L, M, N とするとき，線分 AL, BM, CN は1点（重心）で交わる．
- A$(x_1,\ y_1)$，B$(x_2,\ y_2)$，C$(x_3,\ y_3)$ のとき，△ABC の重心の座標は

  $$\left(\frac{x_1+x_2+x_3}{3},\ \frac{y_1+y_2+y_3}{3}\right)$$

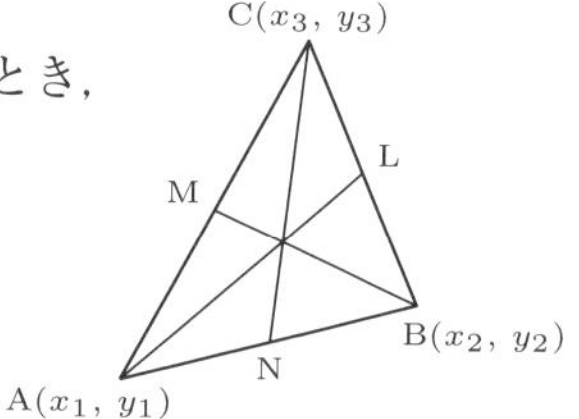

●直線の方程式

- 傾き m，切片 n の直線　$y=mx+n$

  点 $(0,\ n)$ を通り，x 軸に平行な直線　$y=n$

  点 $(k,\ 0)$ を通り，y 軸に平行な直線　$x=k$

- 点 $(x_1,\ y_1)$ を通り，傾き m の直線　$y-y_1=m(x-x_1)$
- 2点 $(x_1,\ y_1)$，$(x_2,\ y_2)$ を通る直線　$y-y_1=\dfrac{y_2-y_1}{x_2-x_1}(x-x_1)$
- 1次方程式 $ax+by+c=0$ ($a \fallingdotseq 0$ または $b \fallingdotseq 0$) は直線を表す．

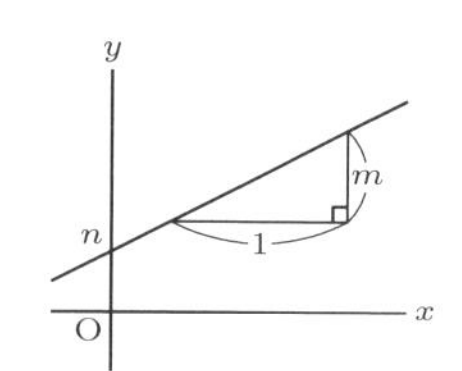

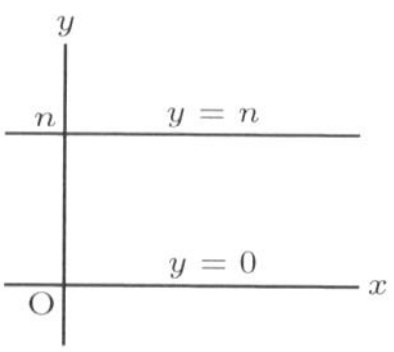

●図形の方程式

図形上の任意の点の座標を $(x,\ y)$ とするとき，x，y の間に成り立つ関係式をその図形の方程式という．

●2直線の平行・垂直

2直線 $y=mx+n$，$y=m'x+n'$ について

平行または一致 $\iff$ $m=m'$　　垂直 $\iff$ $mm'=-1$

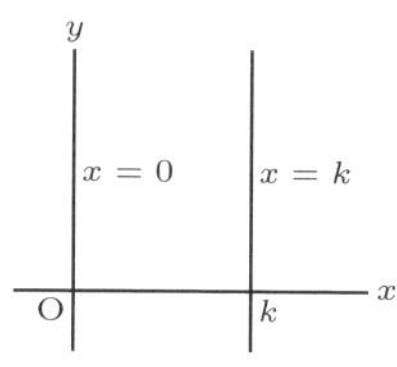

Basic

349 A(4, 0), B(0, −3) のとき，AB, OA, OB を求めよ． ➔教 p.172 問·1

350 2 点 A(2, 3), B(6, 1) に対して，次の点の座標を求めよ． ➔教 p.173 問·2

(1) A, B から等距離にある x 軸上の点

(2) A, B から等距離にある y 軸上の点

(3) A, B から等距離にある直線 $y = x$ 上の点

351 2 点 A(6, 7), B(−4, −2) を結ぶ線分 AB を 3 : 2 の比に内分する点 P，2 : 3 の比に内分する点 Q，および線分 AB の中点 M の座標を求めよ． ➔教 p.174 問·3

352 次の 3 点を頂点とする三角形の重心の座標を求めよ． ➔教 p.175 問·4

(1) (0, 0), (4, 0), (0, 7)　　(2) (4, 0), (0, 7), (8, 7)

353 2 点 A(3, −2), B(7, 6) があり，△ABC の重心の座標が (4, 3) であるとき，点 C の座標を求めよ． ➔教 p.175 問·5

354 次の直線の方程式を求めよ． ➔教 p.177 問·6

(1) 点 (2, −3) を通り，傾きが 4 の直線

(2) 点 (−2, 0) を通り，x 軸となす角が 30° で正の傾きをもつ直線

355 次の 2 点を通る直線の方程式を求めよ． ➔教 p.178 問·7

(1) (2, 5), (4, 1)　　(2) (−3, 7), (8, 7)

(3) (3, 2), (−4, 6)　　(4) $(-\sqrt{5},\ 2)$, $(-\sqrt{5},\ -6)$

356 次の方程式の表す直線をかけ． ➔教 p.178 問·8

(1) $3x + 2y - 5 = 0$　　(2) $3y - 6 = 0$　　(3) $-3x + 7 = 0$

357 次の条件を満たす直線の方程式を求めよ． ➔教 p.180 問·9

(1) 点 (5, −3) を通り，直線 $x + 3y + 7 = 0$ に平行な直線

(2) 点 (−2, 1) を通り，直線 $5x - 2y + 3 = 0$ に垂直な直線

(3) 点 (3, −1) を通り，直線 $3x - 2 = 0$ に平行な直線

(4) 点 (2, 7) を通り，y 軸に垂直な直線

358 2 点 (1, 4), (7, 2) を結ぶ線分の垂直二等分線の方程式を求めよ． ➔教 p.180 問·10

Check

359 次の3点A, B, Cを頂点とする△ABCについて，各辺の長さを求め，三角形の形状を調べよ．

(1) A(9, 2), B(−1, 2), C(3, −6)　　(2) A(−1, 1), B(−2, −2), C(2, 0)

360 2点A(5, 4), B(3, 2)のとき，$AP=\sqrt{2}BP$ を満たす x 軸上の点Pの座標を求めよ．

361 2点A(5, 2), B(3, 4)から等距離にある直線 $y=-x$ 上の点Pの座標を求めよ．

362 3点O(0, 0), A(4, −6), B(−1, −1)から等距離にある点の座標を求めよ．

363 A(3, 2), B(5, 5)のとき，ABを1 : 2の比に内分する点の座標を求めよ．また，BAを1 : 2の比に内分する点の座標を求めよ．

364 △ABCにおいて，辺BCの中点をMとする．A(2, 3), M(−1, 6)のとき，この三角形の重心の座標を求めよ．

365 4点A(1, 2), B(−1, −1), C(2, 0), D(x, y)を頂点とする四角形ABCDが平行四辺形であるとき，対角線の交点の座標，および x, y の値を求めよ．

366 3点A(a, 3), B(2, b), C(b, $-a$)を頂点とする△ABCの重心の座標が(3, 2)であるとき，a, b の値を求めよ．

367 x 軸との交点が(−3, 0)で，x 軸とのなす角が60°で正の傾きをもつ直線の方程式を求めよ．

368 2点(3, 2), (5, 7)を通る直線の方程式を求めよ．

369 2直線 $x-2y-3=0$, $x+y=0$ の交点を通り，直線 $3x-y+1=0$ に平行な直線と垂直な直線の方程式を求めよ．

370 2直線 $4x+3y-5=0$, $ax+2y+b=0$ (a, b は定数) が一致するとき，a, b の値を求めよ．

371 2点(1, 2), (5, 8)を結ぶ線分の垂直二等分線の方程式を求めよ．

Step up

例題 △ABC の 3 つの頂点から，対辺またはその延長に引いた垂線は 1 点 P で交わる．このことを座標平面上に 3 点 $A(0,\ a)$, $B(b,\ 0)$, $C(c,\ 0)$ をとって証明せよ．（この点 P を △ABC の**垂心**という）

解　B から AC に引いた垂線は $y=\dfrac{c}{a}(x-b)$ だから，この垂線と A から BC に引いた垂線（y 軸）との交点は $\left(0,\ -\dfrac{bc}{a}\right)$

C から AB に引いた垂線は $y=\dfrac{b}{a}(x-c)$ だから，この垂線と A から BC に引いた垂線（y 軸）との交点も $\left(0,\ -\dfrac{bc}{a}\right)$

よって，3 本の垂線は 1 点 $P\left(0,\ -\dfrac{bc}{a}\right)$ で交わる．　//

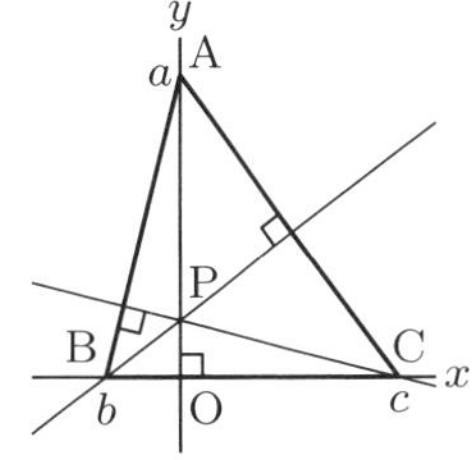

372　△ABC の 3 辺の垂直二等分線は 1 点 P で交わる．このことを座標平面上に 3 点 $A(a,\ b)$, $B(-c,\ -b)$, $C(c,\ -b)$ をとって証明せよ．（この点 P を △ABC の**外心**という）

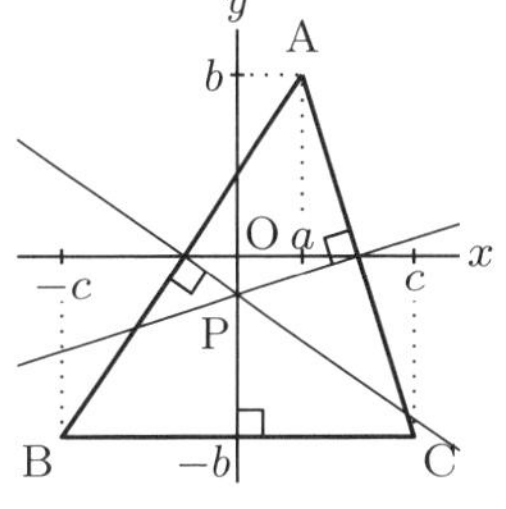

373　$A(0,\ 4)$, $B(-3,\ 0)$, $C(3,\ 0)$ とするとき，△ABC の重心，垂心，外心の座標を求めよ．

374　平面上に 3 点 A, B, C がある．AB の中点を M とするとき，次の等式が成り立つことを証明せよ．

$$AC^2+BC^2=2(AM^2+CM^2)$$

375　三角形の各辺の中点が $(3,\ 2)$, $(6,\ 1)$, $(5,\ 0)$ のとき，3 頂点の座標を求めよ．

例題 直線 $y=3x$ に関して点 $(2,\ 1)$ と対称な点の座標を求めよ．

解　点 $(2,\ 1)$ を A とし，求める点を $P(u,\ v)$ とする．

直線 AP の傾きは $\dfrac{v-1}{u-2}$，直線 $y=3x$ の傾きは 3 であり，この 2 直線は垂直だから

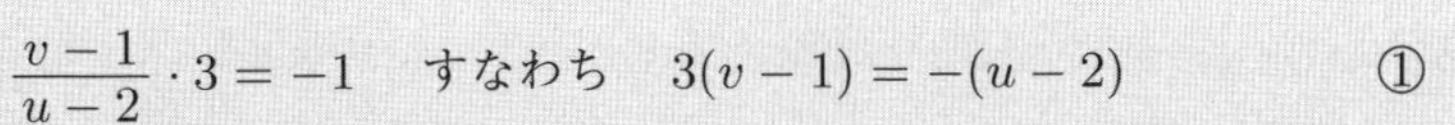

$$\frac{v-1}{u-2}\cdot 3=-1 \quad \text{すなわち} \quad 3(v-1)=-(u-2) \qquad ①$$

AP の中点の座標は $\left(\dfrac{u+2}{2},\ \dfrac{v+1}{2}\right)$ であり，この点が直線 $y=3x$ 上にあるから

$$\frac{v+1}{2}=3\cdot\frac{u+2}{2} \quad \text{すなわち} \quad v+1=3(u+2) \qquad ②$$

①, ②より，$u=-1$, $v=2$

よって，求める点の座標は $(-1,\ 2)$　//

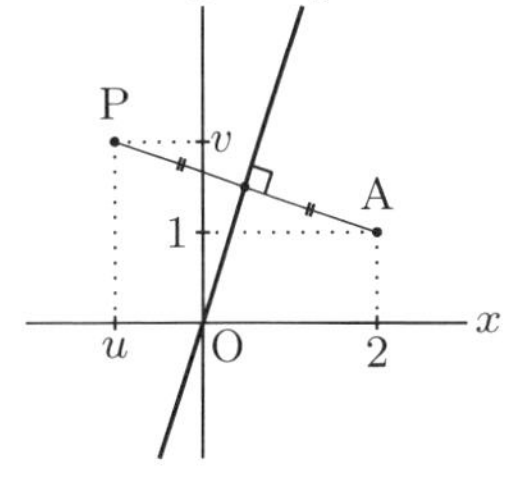

376 次の点の座標を求めよ．

(1) 直線 $y=2x$ に関して点 $(3,\ 5)$ と対称な点

(2) 点 $(-2,\ 1)$ に関して点 $(3,\ 5)$ と対称な点

(2) 中点の公式を利用

377 第1象限に正方形ABCDがある．A$(4,\ 2)$, B$(8,\ 4)$ のとき，次の点の座標を求めよ．

(1) 点D　　(2) 対角線の交点　　(3) 点C

例題 直線 $(2+5k)x+(3-k)y+(2k-1)=0$ は，定数 k がどのような値であっても定点を通ることを証明せよ．

解 直線の式は $2x+3y-1+(5x-y+2)k=0$ と変形できる．

連立方程式 $\begin{cases} 2x+3y-1=0 \\ 5x-y+2=0 \end{cases}$ の解は $x=-\dfrac{5}{17}$, $y=\dfrac{9}{17}$ となるから，

k がどのような定数であっても，この直線は定点 $\left(-\dfrac{5}{17},\ \dfrac{9}{17}\right)$ を通る．　//

378 a がどのような定数であっても，直線 $(3-2a)x+(a-2)y+(5a+1)=0$ は定点を通ることを証明せよ．

379 2直線 $y=3x+1$, $x-2y-4=0$ の交点をAとするとき，次の問いに答えよ．

(1) k がどのような定数であっても，方程式 $y-3x-1+k(x-2y-4)=0$ は点Aを通る直線を表すことを証明せよ．

(2) 点Aと点B$(5,\ 1)$ を通る直線の方程式を求めよ．

(3) 点Aを通り，直線 $3x+4y=5$ に垂直な直線の方程式を求めよ．

(2) Bの座標を (1) の式に代入せよ．

380 2直線 $\ell_1 : x+ky=1$, $\ell_2 : (k+1)x+2y=2$ について，次の問いに答えよ．

(1) 直線 ℓ_1, ℓ_2 とも定数 k の値に関係なく，それぞれ定点を通る．その座標を求めよ．

(2) 2直線 ℓ_1, ℓ_2 が平行となるときの k の値を求めよ．

(3) 2直線 ℓ_1, ℓ_2 が垂直となるときの k の値を求めよ．

(4) 2直線 ℓ_1, ℓ_2 の交点は，k の値がいろいろ変化するとき，1つの直線上を動く．その直線の方程式を求めよ．ただし $k \fallingdotseq 1,\ -2$ とする．

2　2次曲線

まとめ

●2 次曲線の方程式（標準形）

- 円　$(x-a)^2+(y-b)^2=r^2$　　中心 $(a,\ b)$，半径 r

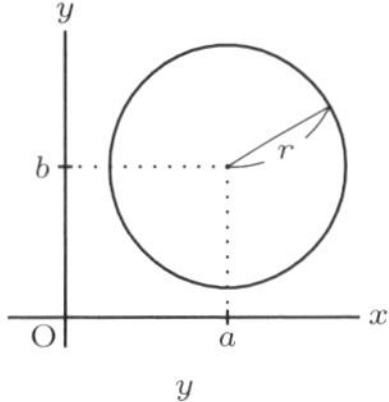

- 楕円　$\dfrac{x^2}{a^2}+\dfrac{y^2}{b^2}=1$　$(a>0,\ b>0)$

　$a>b$ のとき　焦点 $(\pm c,\ 0)$　（ただし，$c=\sqrt{a^2-b^2}$）

　　長軸の長さ ＝ 2 焦点からの距離の和 ＝ $2a$，短軸の長さ ＝ $2b$

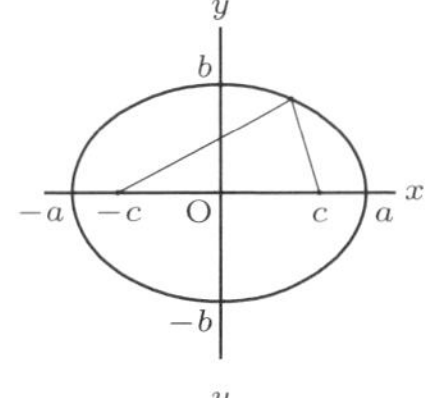

　$a<b$ のとき　焦点 $(0,\ \pm c)$　（ただし，$c=\sqrt{b^2-a^2}$）

　　長軸の長さ ＝ 2 焦点からの距離の和 ＝ $2b$，短軸の長さ ＝ $2a$

　$a=b$ のときは原点を中心とする円となる．

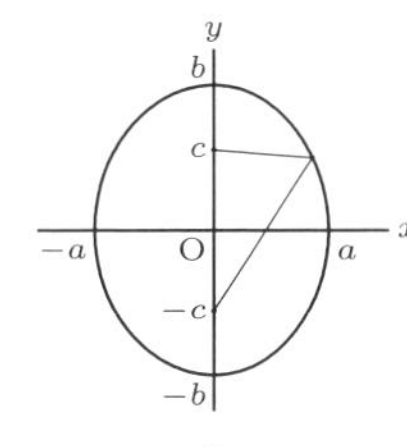

- 双曲線　$\dfrac{x^2}{a^2}-\dfrac{y^2}{b^2}=\pm1$

　右辺 $=+1$ のとき　焦点 $(\pm c,\ 0)$　（ただし，$c=\sqrt{a^2+b^2}$）

　　主軸の長さ ＝ 2 焦点からの距離の差 ＝ $2a$

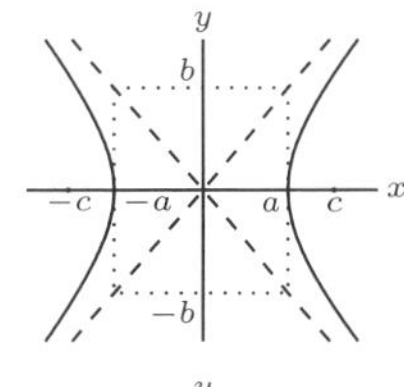

　右辺 $=-1$ のとき　焦点 $(0,\ \pm c)$　（ただし，$c=\sqrt{a^2+b^2}$）

　　主軸の長さ ＝ 2 焦点からの距離の差 ＝ $2b$

　いずれの場合も，漸近線は $y=\pm\dfrac{b}{a}x$

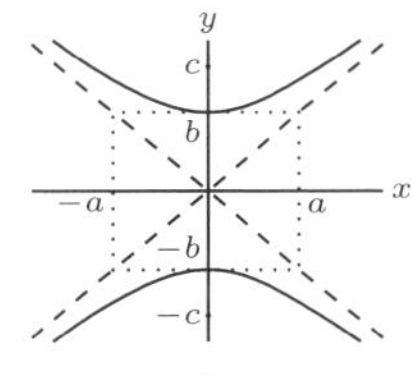

- 放物線

　$y^2=4px$　　焦点 $(p,\ 0)$，準線 $x=-p$

　$x^2=4py$　　焦点 $(0,\ p)$，準線 $y=-p$

　放物線上の点について，焦点との距離は準線との距離に等しい．

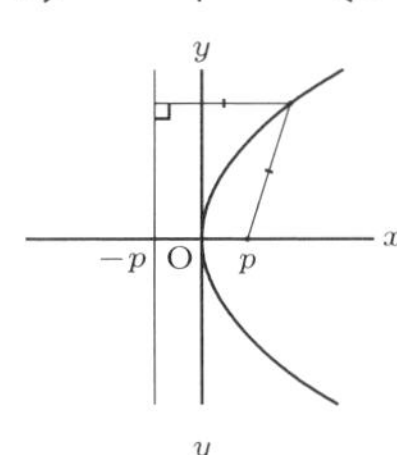

●2 次曲線と直線

2 次曲線と直線の方程式から得られる x または y の 2 次方程式について

$D>0 \iff$ 交わる　　$D=0 \iff$ 接する　　$D<0 \iff$ 共有点なし

●不等式の表す領域（不等号の向きが反対のとき，領域も反対側となる．）

$y>f(x) \iff$ 曲線 $y=f(x)$ の上側

$x>g(y) \iff$ 曲線 $x=g(y)$ の右側

$(x-a)^2+(y-b)^2>r^2 \iff$ 円 $(x-a)^2+(y-b)^2=r^2$ の外部

$\dfrac{x^2}{a^2}+\dfrac{y^2}{b^2}>1 \iff$ 楕円 $\dfrac{x^2}{a^2}+\dfrac{y^2}{b^2}=1$ の外部

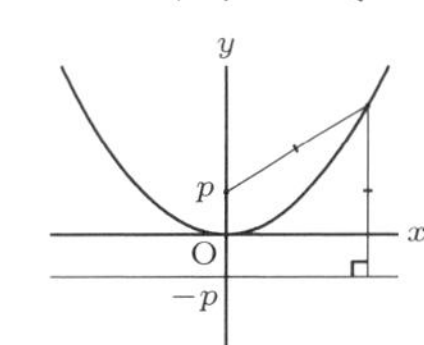

Basic

381 次の円の方程式を求めよ． →教 p.183 問・1

(1) 中心 $(2,\ 3)$，半径 $\sqrt{5}$ の円

(2) 中心が $(1,\ -2)$ で，点 $(3,\ 1)$ を通る円

(3) 点 $(2,\ 1)$，$(4,\ -3)$ を直径の両端とする円

382 次の方程式で表される円の中心の座標と半径を求めよ． →教 p.184 問・2

(1) $x^2+y^2+4x-6y+4=0$　　(2) $3x^2+3y^2-6x-8y=0$

383 3点 $(1,\ 2)$，$(-2,\ -1)$，$(3,\ 0)$ を通る円の方程式を求めよ．また，その中心の座標と半径を求めよ． →教 p.185 問・3

384 $\mathrm{A}(3,\ 4)$, $\mathrm{B}(-1,\ 1)$ のとき，$\mathrm{AP}^2+\mathrm{BP}^2=13$ を満たす点 P の軌跡を求めよ． →教 p.185 問・4

385 4点 $(0,\ 5)$，$(0,\ -5)$，$(3,\ 0)$，$(-3,\ 0)$ を 頂点とする楕円の方程式と焦点の座標を求めよ． →教 p.188 問・5

386 次の楕円の焦点の座標，長軸および短軸の長さを求め，概形をかけ． →教 p.188 問・6

(1) $\dfrac{x^2}{4}+y^2=1$　　(2) $4x^2+3y^2=12$

387 2点 $(3,\ 0)$，$(-3,\ 0)$ を焦点とし，長軸の長さが10の楕円の方程式を求め，概形をかけ． →教 p.188 問・7

388 2点 $(0,\ 1)$，$(0,\ -1)$ を焦点とし，短軸の長さが4の楕円の方程式を求め，概形をかけ． →教 p.188 問・8

389 次の双曲線の焦点の座標と漸近線の方程式を求め，概形をかけ． →教 p.190 問・9

(1) $\dfrac{x^2}{4}-\dfrac{y^2}{12}=1$　　(2) $x^2-4y^2=4$

390 焦点が $(3,\ 0)$，$(-3,\ 0)$ で，2点 $(1,\ 0)$，$(-1,\ 0)$ を通る双曲線およびその漸近線の方程式を求めよ． →教 p.191 問・10

391 双曲線 $\dfrac{x^2}{4}-\dfrac{y^2}{9}=-1$ の焦点の座標と漸近線の方程式を求め，概形をかけ． →教 p.191 問・11

392 焦点の座標が $(-1,\ 0)$ で，直線 $x=1$ を準線とする放物線の方程式を求め，その概形をかけ． →教 p.192 問・12

393 次の放物線の焦点の座標と準線の方程式を求めよ． →教 p.192 問・13

(1) $y^2=3x$　　(2) $y^2=-x$　　(3) $x^2=-2y$　　(4) $3x^2-2y=0$

394 直線 $y=x+k$ と放物線 $x^2=2y$ が接するように定数 k の値を定めよ. →教 p.193 問·14

395 楕円 $\dfrac{x^2}{2}+\dfrac{y^2}{4}=1$ の接線で，傾きが -1 であるものを求めよ. →教 p.193 問·15

396 円 $x^2+y^2=13$ 上の次の点における接線の方程式を求めよ. →教 p.194 問·16

(1) $(2,\ 3)$　(2) $(3,\ -2)$　(3) $(\sqrt{13},\ 0)$

397 $\triangle$ABC において，BC $=10$，CA $=14$ で，面積が $15\sqrt{3}$，内接円の半径が $\sqrt{3}$ であるとき，AB の長さを求めよ. →教 p.194 問·17

398 3 辺の長さが 5，6，7 である三角形の面積 S をヘロンの公式を用いて求め，三角形の内接円の半径 r を求めよ. →教 p.194 問·18

399 次の不等式の表す領域を図示せよ. →教 p.196 問·19

(1) $y>2x+1$　(2) $5x+4y\leqq 6$

(3) $y<(x-1)^2$　(4) $x^2+2x+y-1\leqq 0$

400 次の不等式の表す領域を図示せよ. →教 p.196 問·20

(1) $x^2+y^2\leqq 25$　(2) $(x-1)^2+(y-1)^2>4$

(3) $x^2+4y^2>4$

401 次の連立不等式の表す領域を図示せよ. →教 p.197 問·21

(1) $\begin{cases} x-y+3>0 \\ x^2+y^2<9 \end{cases}$　(2) $\begin{cases} x^2+y^2\geqq 4 \\ x^2+9y^2\leqq 9 \end{cases}$

402 次の図の斜線部分はどのような不等式で表されるか．ただし，すべての境界を含まない. →教 p.198 問·22

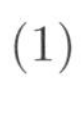

(1)

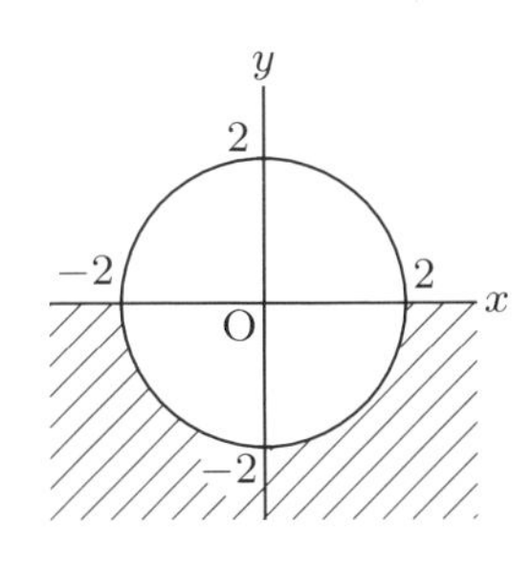

(2)

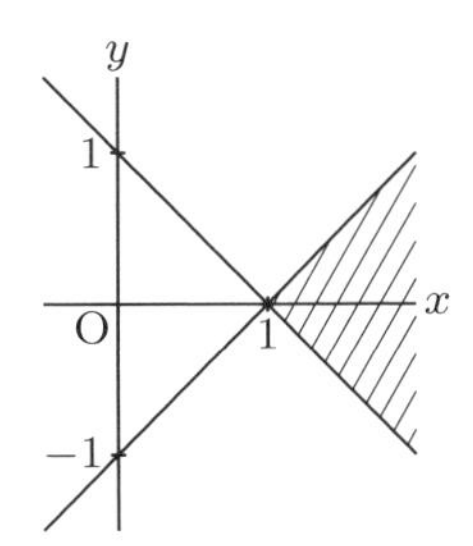

403 x，y が連立不等式 →教 p.198 問·23

$$3x+2y-6\leqq 0,\quad 2x+5y-10\leqq 0,\quad x\geqq 0,\quad y\geqq 0$$

を満たすとき，次の式の最大値を求めよ.

(1) $x+y$　(2) $x-y$

Check

404 次の円の方程式を求めよ．

(1) 中心が $(2,\ -1)$ で，半径が 3 の円

(2) 3 点 $(1,\ 2)$, $(2,\ 2)$, $(1,\ 3)$ を通る円

405 方程式 $x^2+y^2-4x+6y-12=0$ で表される円の中心の座標と半径を求めよ．

406 2 点 $(-2,\ 3)$, $(6,\ -5)$ からの距離の比が $1:3$ である点の軌跡を求めよ．

407 焦点が $(\sqrt{3},\ 0)$, $(-\sqrt{3},\ 0)$ で，長軸の長さが 8 の楕円の方程式を求めよ．

408 楕円 $\dfrac{x^2}{15}+\dfrac{y^2}{7}=1$ の焦点の座標と長軸および短軸の長さを求めよ．

409 双曲線 $\dfrac{x^2}{4}-\dfrac{y^2}{8}=1$ の焦点の座標と漸近線の方程式を求めよ．

410 漸近線が $y=\pm 3x$ で，点 $(0,\ 1)$ を通る双曲線の方程式と焦点の座標を求めよ．

411 放物線 $y^2=x$ の焦点の座標と準線の方程式を求めよ．

412 焦点が $(0,\ 3)$ で，準線が $y=-3$ の放物線の方程式を求めよ．

413 放物線 $y^2=16x$ の焦点を通り，放物線の軸に垂直な直線と放物線との交点を A, B とするとき，線分 AB の長さを求めよ．

414 放物線 $y^2=8x$ の接線で，傾きが 3 であるものの方程式を求めよ．

415 円 $x^2+y^2=5$ 上の点 $(2,\ 1)$ における接線の傾きと切片を求めよ．

416 次の図の斜線部分はどのような不等式で表されるか．ただし，すべての境界を含まない．

(1)

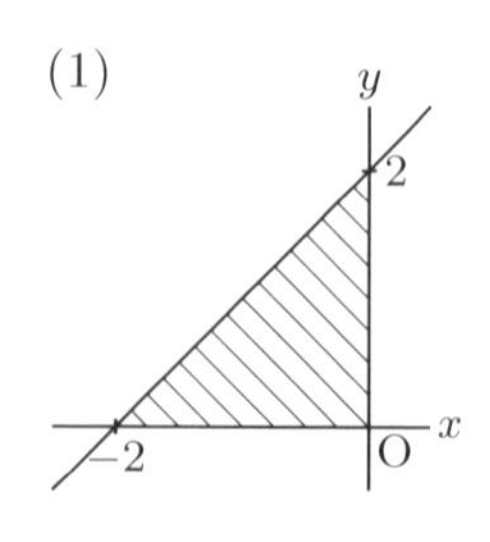

(2)

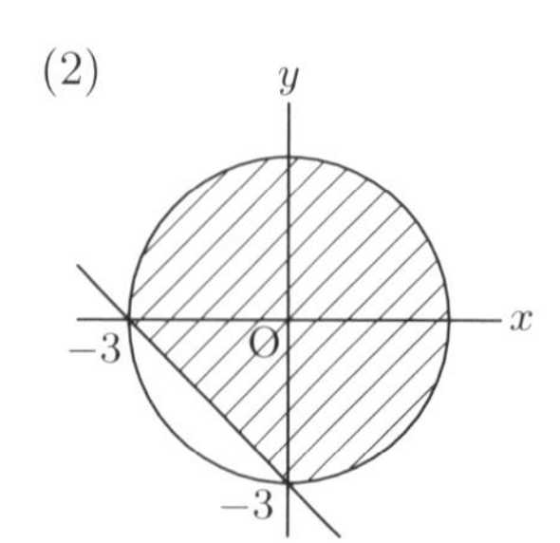

(3)

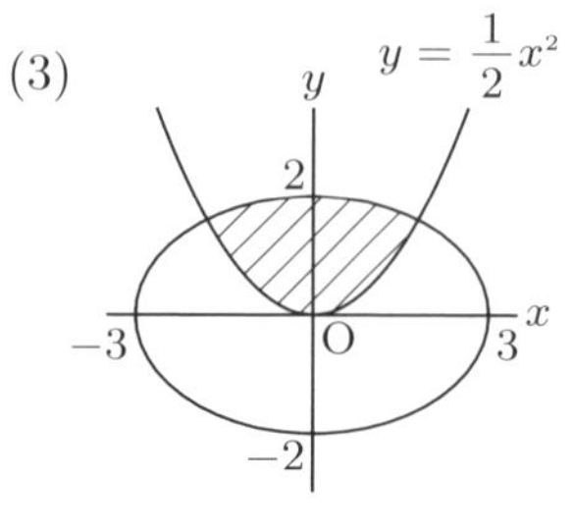

417 x, y が連立不等式

$$x+3y-6\leqq 0,\quad 2x+y-8\leqq 0,\quad x\geqq 0,\quad y\geqq 0$$

を満たすとき，$x+y$ の最大値を求めよ．

Step up

例題 2点 A$(x_1,\ y_1)$, B$(x_2,\ y_2)$ を直径の両端とする円の方程式は次で与えられることを証明せよ．

$$(x-x_1)(x-x_2)+(y-y_1)(y-y_2)=0 \qquad ①$$

解 P$(x,\ y)$ を円周上の任意の点とする．

$x \fallingdotseq x_1$, $x \fallingdotseq x_2$ のとき，直径に対する円周角は直角だから　AP ⊥ BP

AP, BP の傾きに対する垂直条件から　$\dfrac{y-y_1}{x-x_1}\cdot\dfrac{y-y_2}{x-x_2}=-1$

よって　$(x-x_1)(x-x_2)+(y-y_1)(y-y_2)=0$　すなわち，①が成り立つ．

$x=x_1$ のとき，円の対称性より $y=y_1$ または $y=y_2$ となり，①が成り立つ．

$x=x_2$ のときも成り立つから，円周上の任意の点について①は成り立つ．　//

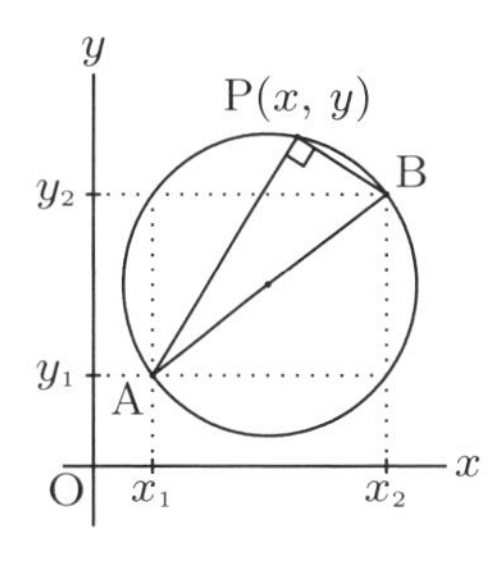

418 円 $(x-3)^2+(y-4)^2=4$ と直線 $y=x+3$ について，次の問いに答えよ．

(1) 円が直線から切り取る線分の長さ（2交点間の距離）を求めよ．

(2) (1) の線分を直径とする円の方程式を求めよ．

例題 円 $x^2+y^2=1$ の接線のうち，点 $(2,\ 0)$ を通るものを求めよ．また，そのときの接点の座標を求めよ．

解 点 $(2,\ 0)$ を通る直線は，傾きを m とすると，$y=m(x-2)$ と表される．

円の方程式に代入すると　$x^2+\{m(x-2)\}^2=1$

これを整理して　$(m^2+1)x^2-4m^2x+4m^2-1=0$　①

判別式 $D=0$ より　$D=(-4m^2)^2-4(m^2+1)(4m^2-1)=0$

これを解くと，接線の傾きは　$m=\pm\dfrac{1}{\sqrt{3}}$

また，①に代入して　$\left(\dfrac{1}{3}+1\right)x^2-4\cdot\dfrac{1}{3}x+4\cdot\dfrac{1}{3}-1=0$

よって，$x=\dfrac{1}{2}$ となり，このとき　$y=\pm\dfrac{1}{\sqrt{3}}\left(\dfrac{1}{2}-2\right)=\mp\dfrac{\sqrt{3}}{2}$

接線は $y=\pm\dfrac{1}{\sqrt{3}}(x-2)$，接点は $\left(\dfrac{1}{2},\ \mp\dfrac{\sqrt{3}}{2}\right)$（複号同順）　//

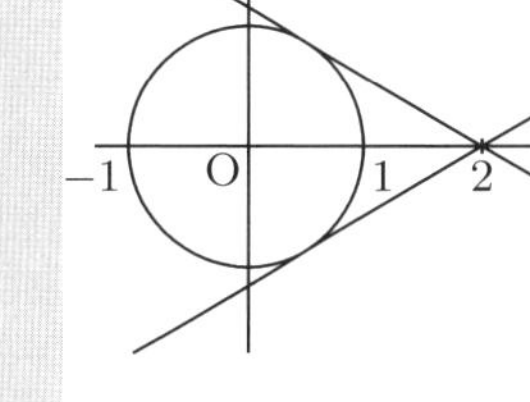

●**注**……接点を $(a,\ b)$ とおくと，接線は $ax+by=1$ となる．$2a=1$, $a^2+b^2=1$ を解いて求めることもできる．

419 次の2次曲線の接線のうち，点 $(0,\ 3)$ を通るものを求めよ．また，そのときの接点の座標を求めよ．

(1) $x^2+y^2=5$　　(2) $\dfrac{x^2}{2}+\dfrac{y^2}{3}=1$　　(3) $y^2=2x$

例題　不等式 $(x+y)(x^2+y^2-1)>0$ の表す領域を図示せよ.

解

$$\begin{cases} x+y>0 \\ x^2+y^2-1>0 \end{cases} \quad ①$$

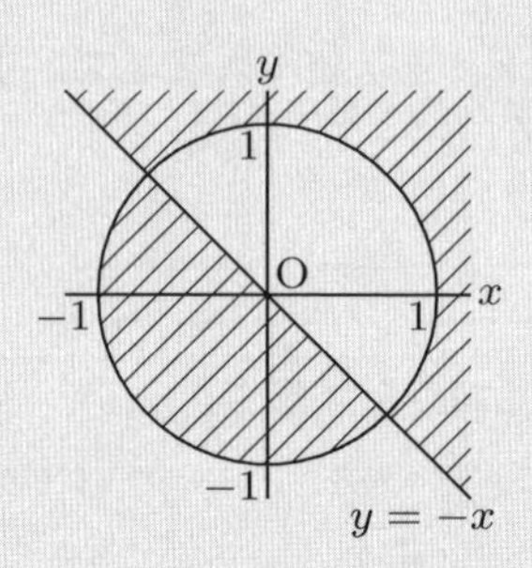

または

$$\begin{cases} x+y<0 \\ x^2+y^2-1<0 \end{cases} \quad ②$$

①は, $y>-x$ かつ $x^2+y^2>1$ となり,

②は, $y<-x$ かつ $x^2+y^2<1$ となる.

したがって, 図の斜線部分となる. ただし, 境界は含まない.　//

420　次の不等式の表す領域を図示せよ.

(1) $(x+2y)(3x-y-2)<0$　　(2) $(x^2-y)(x-y+2)\geqq 0$

421　x と y が次の連立不等式を満たすとき, $y-2x$ のとる値の範囲を求めよ.

(1) $y\geqq x^2,\ y\leqq x+12$

(2) $9x^2+4y^2\leqq 36,\ 3x\leqq 2y+6,\ x\geqq 0$

例題　$a>b>0,\ c=\sqrt{a^2-b^2}$ とすると, 楕円 $\dfrac{x^2}{a^2}+\dfrac{y^2}{b^2}=1$ の2つの焦点は $\mathrm{F}(c,\ 0),\ \mathrm{F}'(-c,\ 0)$ となる. このとき, この楕円上の任意の点Pについて, $\mathrm{PF}+\mathrm{PF}'=2a$ が成り立つことを証明せよ.

解　Pの座標を $(X,\ Y)$ とおくと, $\dfrac{X^2}{a^2}+\dfrac{Y^2}{b^2}=1$ より　$Y^2=b^2-\dfrac{b^2X^2}{a^2}$

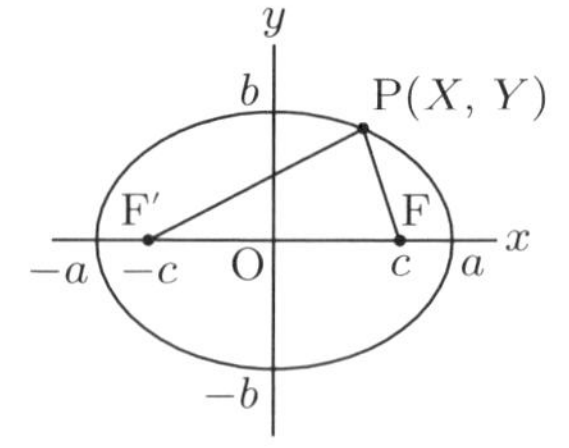

$$\mathrm{PF}=\sqrt{(X-c)^2+Y^2}=\sqrt{X^2-2cX+c^2+b^2-\frac{b^2X^2}{a^2}}$$

$$=\sqrt{\frac{c^2}{a^2}X^2-2cX+a^2}=\sqrt{\left(\frac{c}{a}X-a\right)^2}=\left|\frac{c}{a}X-a\right|$$

$X\leqq a,\ c<a$ だから　$\mathrm{PF}=\left|\dfrac{c}{a}X-a\right|=a-\dfrac{c}{a}X$

同様にして　$\mathrm{PF}'=a+\dfrac{c}{a}X$

したがって　$\mathrm{PF}+\mathrm{PF}'=a-\dfrac{c}{a}X+a+\dfrac{c}{a}X=2a$　//

422　$a>0,\ b>0,\ c=\sqrt{a^2+b^2}$ とすると, 双曲線 $\dfrac{x^2}{a^2}-\dfrac{y^2}{b^2}=1$ の2つの焦点は $\mathrm{F}(c,\ 0),\ \mathrm{F}'(-c,\ 0)$ となる. このとき, この双曲線上の任意の点Pについて, $|\mathrm{PF}-\mathrm{PF}'|=2a$ が成り立つことを証明せよ.

Plus

線分 AB または BA の延長上に点 P があって

$$\mathrm{AP} : \mathrm{PB} = m : n \quad (\text{ただし}, \ m > 0, \ n > 0, \ m \neq n)$$

が成り立つとき，点 P は線分 AB を $m : n$ の比に**外分する**といい，点 P を線分 AB の**外分点**という．

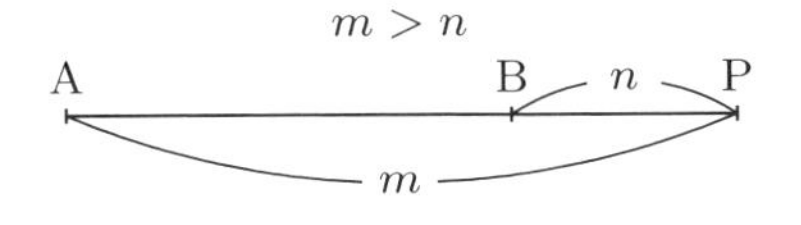

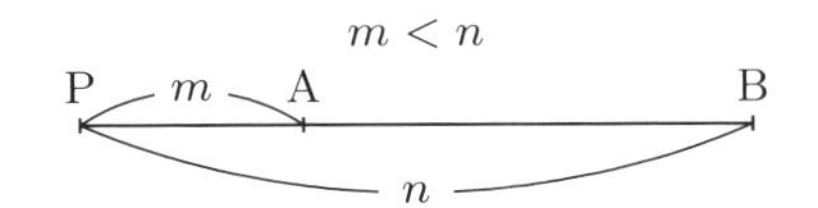

例題 2 点 $\mathrm{A}(x_1, \ y_1)$, $\mathrm{B}(x_2, \ y_2)$ を結ぶ線分を $m : n$ の比に外分する点 P の座標は $\left(\dfrac{-nx_1 + mx_2}{m-n}, \ \dfrac{-ny_1 + my_2}{m-n}\right)$ となることを証明せよ．

解 点 P の座標を $(x, \ y)$ とする．点 A, B, P から x 軸に垂線 AA′, BB′, PP′ を引くと

$$\mathrm{A'P'} : \mathrm{P'B'} = \mathrm{AP} : \mathrm{PB}$$
$$= m : n$$

$x_1 < x_2$ とすると，$m > n$ のとき

$$\mathrm{A'P'} = x - x_1, \ \mathrm{P'B'} = x - x_2$$

$m < n$ のとき

$$\mathrm{A'P'} = x_1 - x, \ \mathrm{P'B'} = x_2 - x$$

どちらの場合も　$(x - x_1) : (x - x_2) = m : n$

これから x を求めると　$x = \dfrac{-nx_1 + mx_2}{m-n}$

これは，$x_1 \geqq x_2$ のときも成り立つ．

y についても同様である． //

423 2 点 A(5, 7), B(−5, −3) に対して，次の点の座標を求めよ．

(1) AB を 3 : 2 の比に外分する点　(2) AB を 2 : 3 の比に外分する点

(3) AB を 5 : 2 の比に外分する点　(4) AB を 2 : 5 の比に外分する点

424 2 点 A(15, 37), B(22, −14) に対して，AB を 7 : 4 の比に外分する点を C とする．AC を 3 : 4 の比に内分する点の座標を求めよ．

7章 場合の数と数列

1 場合の数

まとめ

●積の法則

Aの起こり方が m 通り，そのおのおのに対してBの起こり方が n 通りあるとき，AとBがともに起こる場合の数は mn 通り

●和の法則

Aの起こり方が m 通り，Bの起こり方が n 通りあって，これらは同時に起こらないとするとき，AまたはBが起こる場合の数は $m+n$ 通り

●順列

- $n! = n(n-1)(n-2)\cdots 3\cdot 2\cdot 1 \qquad 0! = 1$
- n 個の異なるものから，r 個選んでできる順列の数は

  $${}_n\mathrm{P}_r = n(n-1)(n-2)\cdots(n-r+1) = \frac{n!}{(n-r)!}$$

  $${}_n\mathrm{P}_n = n!$$
- n 個から r 個選んでできる重複順列の数は

  $$n^r$$
- n 個のもののうち，p 個，q 個，r 個，$\cdots$ がそれぞれ同じものとする．このとき，これらを全部使ってできる順列の数は

  $$\frac{n!}{p!\,q!\,r!\cdots} \quad (n = p+q+r+\cdots)$$

●組合せ

- n 個の異なるものから，r 個選んでできる組合せの数は

  $${}_n\mathrm{C}_r = \frac{{}_n\mathrm{P}_r}{r!} = \frac{n!}{r!(n-r)!}$$
- ${}_n\mathrm{C}_r = {}_n\mathrm{C}_{n-r}, \quad {}_n\mathrm{C}_r = {}_{n-1}\mathrm{C}_{r-1} + {}_{n-1}\mathrm{C}_r$

●二項定理

$$(a+b)^n = a^n + {}_n\mathrm{C}_1 a^{n-1}b + {}_n\mathrm{C}_2 a^{n-2}b^2 + \cdots$$

$$\cdots + {}_n\mathrm{C}_r a^{n-r}b^r + \cdots + {}_n\mathrm{C}_{n-1} ab^{n-1} + b^n$$

Basic

425 次の整数の約数の個数を求めよ． →教p.205 問・1

(1) 243　　(2) 144　　(3) 3240

426 次の整式の約数の個数を求めよ． →教p.205 問・2

(1) $(x+1)^3$　　(2) $(x+1)^2(x-1)^3$　　(3) x^6-x^2

427 $x+6y \leqq 20$ を満たす正の整数の組 (x, y) は何個あるか． →教p.206 問・3

428 $2x+y+z=8$ を満たす正の整数の組 (x, y, z) は何個あるか． →教p.206 問・4

429 赤色，青色，白色の3個のさいころを同時に投げたとき，赤色の目と青色の目の和が白色の目に等しくなる場合の数を求めよ． →教p.206 問・5

430 次の値を求めよ． →教p.207 問・6

(1) ${}_5\mathrm{P}_1$　　(2) ${}_5\mathrm{P}_4$　　(3) ${}_6\mathrm{P}_2$　　(4) ${}_6\mathrm{P}_4$

431 次の値を求めよ． →教p.207 問・7

(1) $5!$　　(2) $6!$　　(3) $\dfrac{10!}{8!}$　　(4) $\dfrac{(n+1)!}{n!}$

432 5個の文字 a, b, c, d, e を全部並べるとき，両端が母音のものはいくつできるか． →教p.208 問・8

433 A, B, C の3人が，1から5までの数字が書かれた5枚のカードをそれぞれ選ぶとき，次の問いに答えよ． →教p.209 問・9

(1) 3人のカードの選び方は何通りあるか．

(2) 3人の選んだカードが連続する数字になる場合は何通りあるか．

434 5人でジャンケンをするとき，5人のグー，チョキ，パーの出し方は何通りあるか． →教p.209 問・10 問・11

435 1から6までの数字を繰り返し使用することを許して3けたの整数をつくるとき，全部でいくつできるか． →教p.209 問・12

436 次の値を求めよ． →教p.211 問・13

(1) ${}_7\mathrm{C}_3$　　(2) ${}_8\mathrm{C}_3$　　(3) ${}_8\mathrm{C}_5$　　(4) ${}_n\mathrm{C}_2$　　(5) ${}_n\mathrm{C}_{n-1}$

437 1から9までの数字が書かれた9枚の札が入っている箱から2枚を取り出す． →教p.211 問・15 問・16

(1) 全部で何通りあるか．

(2) 2枚とも奇数の場合は何通りあるか．

438 1班7人，2班5人，計12人のなかから5人を選ぶとき，次の問いに答えよ．

→教p.211 問・15 問・16

(1) 全部で何通りあるか．

(2) 1班から3人，2班から2人選ぶ方法は何通りあるか．

439 次の等式を証明せよ．

→教p.212 問・17

${}_9\mathrm{C}_5 = {}_7\mathrm{C}_3 + 2\,{}_7\mathrm{C}_4 + {}_7\mathrm{C}_5$

440 8個の数字1, 1, 1, 2, 2, 3, 3, 3を使ってできる8けたの整数は何個あるか．

→教p.213 問・18

441 赤玉2個，青玉3個，白玉2個を1列に並べるとき，次の問いに答えよ．

→教p.213 問・19

(1) 全部で何通りあるか．

(2) 白玉2個が隣り合うような並べ方は何通りあるか．

442 男子4人と女子4人が丸く並んで輪になるとき，次の問いに答えよ．

→教p.214 問・20

(1) 並び方は全部で何通りあるか．

(2) 男子と女子が交互になる並び方は何通りあるか．

443 次の式を展開せよ．

→教p.216 問・21

(1) $(a+1)^5$　　(2) $(a+2b)^4$　　(3) $(x-1)^6$

444 $\left(3x - \dfrac{y}{3}\right)^7$ の展開式における x^4y^3 の係数を求めよ．

→教p.216 問・22

Check

445 整数 10800 の約数の個数を求めよ．

446 整式 $x^5 - x^2$ の約数の個数を求めよ．

447 $3x + 4y \leqq 20$ を満たす正の整数の組 $(x,\ y)$ は何個あるか．

448 次の値を求めよ．

(1) ${}_{12}\mathrm{P}_2$　　(2) $\dfrac{12!}{10!}$　　(3) ${}_{12}\mathrm{C}_9$

449 6 個の数字 0，1，2，3，4，5 のうち，異なる数字を使ってできる 6 けたの偶数は何個あるか．

450 赤玉，青玉のそれぞれに 1 から 5 までの数字が 1 つずつ書かれた計 10 個の玉がある．10 個の玉から 3 個取り出して並べるとき，赤玉が 2 個以上になる場合は何通りあるか．

451 1 から 4 までの数字を繰り返し使用することを許して 4 けたの整数をつくるとき，奇数はいくつできるか．

452 1 から 9 までの数字を 1 つずつ書いた 9 枚の札が入っている箱から 3 枚を取り出す．3 枚とも奇数の場合は何通りあるか

453 1 班 6 人，2 班 5 人のなかから 4 人のメンバーを選ぶとき，1 班から 3 人以上選ぶ方法は何通りあるか．

454 1 つのさいころを続けて 5 回振るとき，1 の目が 2 回，6 の目が 3 回出る場合は何通りあるか．

455 赤玉 3 個，青玉 1 個，白玉 2 個，黒玉 3 個を 1 列に並べるとき，白玉 2 個が隣り合うような並べ方は何通りあるか．

456 男子 2 人と女子 4 人が丸く並んで輪になるとき，男子が隣り合わない並び方は全部で何通りあるか．

457 $(2x - 1)^4$ を展開せよ．

458 $(2x - 3)^7$ の展開式における x^4 の係数を求めよ．

Step up

例題　A，Bの2人で引き分けのないゲームを行い，3回続けて勝った方が勝者とし，決着がつくまで続ける．7回目に決着がつくのは何通りの場合があるか．

解　Aの勝ちを a, Bの勝ちを b で表すと，Aが勝者となるのは，最後の4回の勝敗については $* * * \ b\ a\ a\ a$ に限られる．$* * *$ の部分は，勝敗の組み合わせが 2^3 通りのうち，それまでに勝者が決定してしまう $a\,a\,a$, $b\,b\,b$, $a\,b\,b$ を除いた $2^3 - 3 = 5$（通り）．

Bについても同じだから　　$5 \times 2 = 10$（通り）　//

459　A，Bの2人で引き分けのないゲームを，次の条件で決着がつくまで何回か続けて行う．8回目に決着がつくのは何通りの場合があるか．

(1) 2回続けて勝った方が勝者　　(2) 3回続けて勝った方が勝者

例題　正八角形の3つの頂点を結んで三角形をつくる．二等辺三角形でも直角三角形でもない三角形は何通りできるか．

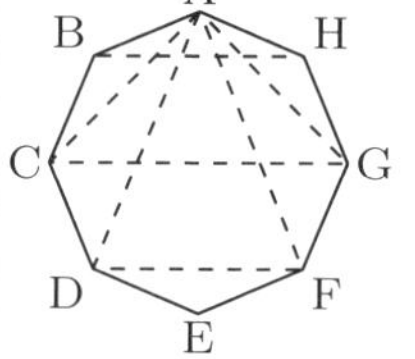

解　三角形は全部で　${}_8C_3 = 56$（通り）

二等辺三角形は，Aを頂角とすると3通りあるから全部で $3 \times 8 = 24$（通り）．

直角三角形は，直径と他の頂点を結んで得られる三角形である．例えば，直径CGに対して他の頂点を選ぶと，6通りあるから全部で $4 \times 6 = 24$（通り）．

直角二等辺三角形はそのうちA, Eを選ぶときだから全部で $4 \times 2 = 8$（通り）．

二等辺三角形でも直角三角形でもない三角形は

$$56 - (24 + 24 - 8) = 16 \text{（通り）}$$　//

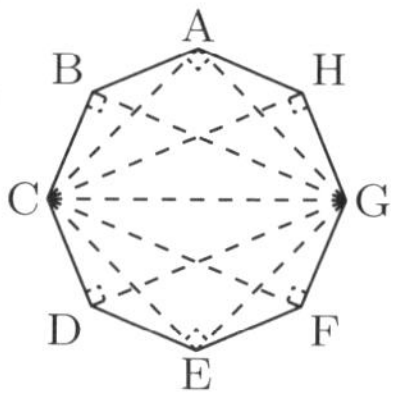

460　正十二角形の3つの頂点を結んで三角形をつくる．

(1) 全部で何通りできるか．

(2) 二等辺三角形でも直角三角形でもない三角形は何通りできるか．

461　正十角形の3つの頂点を結んで三角形をつくる．

(1) 全部で何通りできるか．

(2) 正十角形と一辺のみを共有する三角形は何通りできるか．

(3) 正十角形と辺を共有しない三角形は何通りできるか．

例題 1, 1, 2, 2, 2, 3, 3 の 7 個の数字のうち 6 個を使って 6 桁の整数をつくるとき，全部で何通りの整数ができるか．

解 使わない数字が 1 または 3 である場合はそれぞれ $\dfrac{6!}{3!2!1!}=60$（通り）

使わない数字が 2 である場合は $\dfrac{6!}{2!2!2!}=90$（通り）

よって $60\times2+90=210$（通り） //

462 1, 1, 1, 2, 2, 2, 3, 3, 3 の 9 個の数字のうち 7 個を使って 7 桁の整数をつくるとき，全部で何通りの整数ができるか．

463 6 つの数字 0, 1, 2, 3, 4, 5 の中から異なる 4 個を選んで 4 けたの数をつくり，それらを小さいものから順に並べる．次の問いに答えよ．

(1) 全部で何個できるか．　(2) 3120 は何番目の数か．

(3) 100 番目はどのような数か．

例題 次の値を求めよ．

(1) ${}_n\mathrm{C}_0+{}_n\mathrm{C}_1+{}_n\mathrm{C}_2+{}_n\mathrm{C}_3+\cdots+{}_n\mathrm{C}_n$

(2) $1{}_n\mathrm{C}_1+2{}_n\mathrm{C}_2+3{}_n\mathrm{C}_3+4{}_n\mathrm{C}_4+\cdots+n\cdot{}_n\mathrm{C}_n$

解 (1) 二項定理より $(1+x)^n={}_n\mathrm{C}_0+{}_n\mathrm{C}_1x+{}_n\mathrm{C}_2x^2+{}_n\mathrm{C}_3x^3+\cdots+{}_n\mathrm{C}_nx^n$

$x=1$ を代入すると $2^n={}_n\mathrm{C}_0+{}_n\mathrm{C}_1+{}_n\mathrm{C}_2+{}_n\mathrm{C}_3+\cdots+{}_n\mathrm{C}_n$

ゆえに ${}_n\mathrm{C}_0+{}_n\mathrm{C}_1+{}_n\mathrm{C}_2+{}_n\mathrm{C}_3+\cdots+{}_n\mathrm{C}_n=2^n$

(2) ${}_n\mathrm{C}_r=\dfrac{n!}{r!(n-r)!}$，${}_{n-1}\mathrm{C}_{r-1}=\dfrac{(n-1)!}{(r-1)!(n-r)!}$ $(r\geqq1)$ より

$$r\cdot{}_n\mathrm{C}_r=r\cdot\frac{n!}{r!(n-r)!}=\frac{n!}{(r-1)!(n-r)!}=n\cdot\frac{(n-1)!}{(r-1)!(n-r)!}$$
$$=n\cdot{}_{n-1}\mathrm{C}_{r-1}$$

よって

$$1{}_n\mathrm{C}_1+2{}_n\mathrm{C}_2+3{}_n\mathrm{C}_3+4{}_n\mathrm{C}_4+\cdots+n{}_n\mathrm{C}_n$$
$$=n\cdot{}_{n-1}\mathrm{C}_0+n\cdot{}_{n-1}\mathrm{C}_1+n\cdot{}_{n-1}\mathrm{C}_2+n\cdot{}_{n-1}\mathrm{C}_3+\cdots+n\cdot{}_{n-1}\mathrm{C}_{n-1}$$
$$=n\cdot2^{n-1}$$ //

(1) を利用せよ．

464 次の値を求めよ．

$(1+x)^n$ を利用せよ．

(1) ${}_n\mathrm{C}_0-{}_n\mathrm{C}_1+{}_n\mathrm{C}_2-{}_n\mathrm{C}_3+\cdots+(-1)^n{}_n\mathrm{C}_n$

(2) ${}_{2n}\mathrm{C}_0+{}_{2n}\mathrm{C}_2+{}_{2n}\mathrm{C}_4+{}_{2n}\mathrm{C}_6+\cdots+{}_{2n}\mathrm{C}_{2n}$

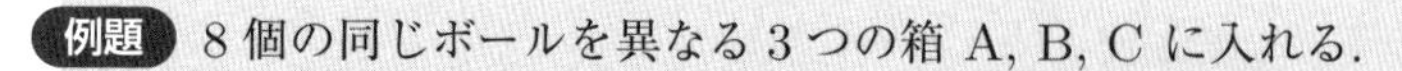

例題 8個の同じボールを異なる3つの箱A, B, Cに入れる.

(1) ボールを1個も入れない箱があってもよいとすると, 何通りの入れ方があるか.

(2) どの箱にも必ず1個は入れるとすると, 何通りの入れ方があるか.

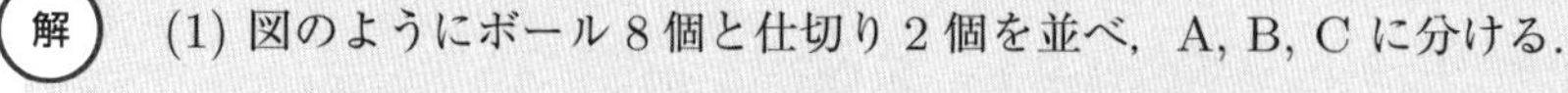

解 (1) 図のようにボール8個と仕切り2個を並べ, A, B, Cに分ける.

○○ | ○○○ | ○○○

A　B　C

ボールと仕切り計10個を並べる場所のうち仕切り2個を置く場所を選ぶから

$_{10}C_2 = 45$（通り）

(2) まず, 以下のようにボールを8個並べる.

○ ○ ○ ○ ○ ○ ○ ○

ボールとボールの間にある7個の場所のうち2個の場所に仕切りを入れ, A, B, Cに分ければよい. 7個の場所のうち仕切りを置く2個の場所を選ぶから

$_7C_2 = 21$（通り） //

465 12本の同じ鉛筆を4人で分ける.

(1) 鉛筆をもらえない人がいてもよいとすると, 何通りの分け方があるか.

(2) どの人も必ず1本はもらえるとすると, 何通りの分け方があるか.

466 1から9の数をいくつか加えて和を10にする. ただし, 同じ数を何度用いてもよい. たとえば, 2個の数を用いる場合は, $1+9, 2+8, \cdots, 9+1$ の9通り, 10個の数を用いる場合は, $1+1+\cdots+1$ の1通りである.

(1) 3個の数を用いる場合は何通りあるか.

(2) 8個以上の数を用いる場合は何通りあるか.

(3) 全部で何通りあるか.

467 色の違う8個の同じ大きさのボールを異なる3つの箱A, B, Cに入れる.

色が違うことに注意せよ.

(1) Cには1個も入れず, A, Bには少なくとも1個は入れるとすると, 何通りの入れ方があるか.

(2) どの箱にも少なくとも1個は入れるとすると, 何通りの入れ方があるか.

2 数列

まとめ

●等差数列

初項 a，公差 d において

- 第 n 項（一般項）　$a_n = a + (n-1)d$
- 初項から第 n 項までの和　$S_n = \dfrac{n(a_1 + a_n)}{2} = \dfrac{n\{2a + (n-1)d\}}{2}$

●等比数列

初項 a，公比 r において

- 第 n 項（一般項）　$a_n = ar^{n-1}$
- 初項から第 n 項までの和　$S_n = \dfrac{a(1-r^n)}{1-r} = \dfrac{a(r^n-1)}{r-1}$　$(r \neq 1)$

●シグマ記号 $\sum$

- $\displaystyle\sum_{k=1}^{n}(a_k \pm b_k) = \sum_{k=1}^{n} a_k \pm \sum_{k=1}^{n} b_k$　（複号同順）

  $\displaystyle\sum_{k=1}^{n} ca_k = c\sum_{k=1}^{n} a_k$，　$\displaystyle\sum_{k=1}^{n} c = nc$　（c は k に無関係な定数）
- $\displaystyle\sum_{k=1}^{n} k = \frac{1}{2}n(n+1)$，　$\displaystyle\sum_{k=1}^{n} k^2 = \frac{1}{6}n(n+1)(2n+1)$

●漸化式

隣接した項の間の関係式をその数列の漸化式という．

例えば，初項 a_1，公差 d の等差数列の漸化式は $a_{k+1} = a_k + d$ $(k = 1, 2, \cdots)$，

初項 a_1，公比 r の等比数列の漸化式は $a_{k+1} = ra_k$ $(k = 1, 2, \cdots)$ である．

漸化式から数列を定めることを帰納的定義という．

●数学的帰納法

自然数 n についての命題 $\mathrm{P}(n)$ を証明する方法

(i) $\mathrm{P}(1)$ が成り立つことを示す．

(ii) $\mathrm{P}(k)$ が成り立つとして $\mathrm{P}(k+1)$ も成り立つことを示す．

(i)，(ii) よりすべての n について $\mathrm{P}(n)$ が成り立つ．

Basic

468 一般項が次の式で表される数列のはじめの 5 項を求めよ． →教 p.219 問·1

(1) $a_n = 2n - 3$　(2) $b_n = (-2)^n$　(3) $c_n = \dfrac{1}{n(n+1)}$

469 一般項が $a_n = (-1)^n$, $b_n = 2^{n-1}$ のとき，次の問いに答えよ． →教 p.219 問·2

(1) 数列 $\{a_n\}$, $\{b_n\}$ のはじめの 6 項を求めよ．

(2) $c_n = \dfrac{a_n + b_n}{3}$ のとき，数列 $\{c_n\}$ のはじめの 6 項を求めよ．

470 等差数列になるように，□ の中にあてはまる数を入れよ． →教 p.220 問·3

(1) 3, □, 17, □, □　(2) □, 7, □, □, 1

471 初項が -54，公差が 7 の等差数列について，次の問いに答えよ． →教 p.220 問·4

(1) 一般項を求めよ．　(2) -12 は第何項か．

(3) はじめて正の数になるのは第何項か．

472 次の等差数列の和を求めよ． →教 p.221 問·5

(1) 初項 3，公差 4 の等差数列の，初項から第 10 項までの和を求めよ．

(2) 等差数列の和 $(-2) + 1 + 4 + \cdots + 43$ を求めよ．

(3) 100 から 200 までの整数のうち，4 の倍数の和を求めよ．

473 初項が -85，公差が 6 の等差数列について，次の問いに答えよ． →教 p.221 問·6

(1) 初項から第 10 項までの和を求めよ．

(2) 初項から第何項までの和をとると，初めて 0 より大きくなるか．

474 次の数列が等比数列になるように，□ の中にあてはまる数を入れよ． →教 p.222 問·7

(1) 3, □, □, -24, □　(2) -4, □, □, □, $-\dfrac{1}{4}$

(3) □, 1, □, 9, □

475 次の等比数列の一般項を求めよ．また，第 10 項も求めよ． →教 p.222 問·8

(1) 初項が 5，第 4 項が 40　(2) 第 2 項が 4，第 5 項が $\dfrac{1}{2}$

476 次の等比数列の和を求めよ． →教 p.223 問·9

(1) $1 + 3 + 3^2 + 3^3 + \cdots + 3^7$

(2) $1 - \dfrac{1}{3} + \dfrac{1}{3^2} - \dfrac{1}{3^3} + \cdots - \dfrac{1}{3^7}$

477 等比数列 2, 6, 18, 54, $\cdots$ について，以下の問いに答えよ． →教 p.223 問·10

(1) この数列の一般項を求めよ．　　(2) 4374 は第何項か．

(3) 等比数列の和 $2+6+18+54+\cdots+4374$ を求めよ．

478 次の数列の和を $\sum$ 記号を用いずに表せ．また，その和を求めよ． →教 p.224 問·11

(1) $\displaystyle\sum_{k=1}^{5} k$　　(2) $\displaystyle\sum_{i=1}^{7} (2i-3)$　　(3) $\displaystyle\sum_{k=1}^{n} 3\cdot 2^{k-1}$

479 次の数列の和を $\sum$ 記号を用いて表せ． →教 p.224 問·12

(1) $21+22+23+24+25+\cdots+50$

(2) $1-\dfrac{1}{3}+\dfrac{1}{9}-\dfrac{1}{27}+\dfrac{1}{81}-\dfrac{1}{243}$

480 次の和を求めよ． →教 p.226 問·13

(1) $\displaystyle\sum_{k=1}^{n} k(k+1)$

(2) $1\cdot 1+2\cdot 3+3\cdot 5+\cdots+n(2n-1)$

(3) $2^2+4^2+6^2+\cdots+(2n)^2$

481 次の数列を表す漸化式をつくれ．

(1) 初項が 1 で，各項が直前の項の 2 倍に 3 を加えた数列

(2) 初項が 3 で，各項が直前の項の -2 倍に 1 を加えた数列

(3) 初項が 2 で，各項が直前の項から 2 引いたものを 3 乗した数列

(4) 初項が -1 で，各項が直前の項の 2 倍から 1 引いたものを 2 乗した数列

482 次の漸化式で表される数列のはじめの 5 項を求めよ． →教 p.227 問·15

(1) $a_1=2,\quad a_{k+1}=3a_k-1\quad (k=1,\ 2,\ 3,\ \cdots)$

(2) $b_1=3,\quad b_{k+1}=b_k+(2k-1)\quad (k=1,\ 2,\ 3,\ \cdots)$

483 次の漸化式で表される数列の一般項を求めよ． →教 p.228 問·16

(1) $a_1=2,\quad a_{k+1}=5a_k+2\quad (k=1,\ 2,\ 3,\ \cdots)$

(2) $b_1=3,\quad b_{k+1}=b_k+k\quad (k=1,\ 2,\ 3,\ \cdots)$

484 n が自然数のとき，n^2+3n は偶数であることを数学的帰納法で証明せよ． →教 p.228 例題 7

485 次の漸化式で表される数列がある． →教 p.229 問·17

$$a_1=1,\ a_{k+1}=\frac{a_k}{2a_k+1}\quad (k=1,\ 2,\ 3,\ \cdots)$$

このとき，$a_n=\dfrac{1}{2n-1}$ であることを数学的帰納法で証明せよ．

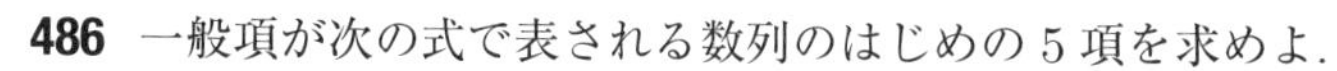

Check

486 一般項が次の式で表される数列のはじめの5項を求めよ.

(1) $a_n = \dfrac{n}{2n-1}$　　(2) $b_n = 1-2^n$

487 初項が -82, 第4項が -70 の等差数列について, 次の問いに答えよ.

(1) 一般項を求めよ.

(2) はじめて正の数になるのは第何項か.

(3) 初項から第何項までの和をとると, 初めて0より大きくなるか.

488 次の数列が等比数列になるように, □ の中にあてはまる数を入れよ.

(1) 2, □, □, 54, □　　(2) □, 3, □, $\dfrac{3}{4}$, □

489 等比数列 2, -6, 18, -54, 162, $\cdots$ について, 次の問いに答えよ.

(1) この数列の一般項を求めよ.

(2) -4374 は第何項か.

(3) 等比数列の和 $2-6+18-54+162-\cdots-4374$ を求めよ.

490 次の数列の和を $\sum$ 記号を用いずに表せ. また, その和を求めよ.

(1) $\displaystyle\sum_{k=1}^{4}(k^2-2k+1)$　　(2) $\displaystyle\sum_{k=1}^{6}(-2)^{k-1}$

491 数列の和 $1\cdot2+3\cdot3+5\cdot4+\cdots+(2n-1)(n+1)$ を $\sum$ 記号を用いて表せ.
また, その和を求めよ.

492 初項が -2 で, 各項が直前の項の -2 倍に1を加えたものを2乗した数列を表す漸化式をつくれ.

493 次の漸化式で表される数列のはじめの5項を求めよ.

$a_1=2,\ \ a_{k+1}=k\,a_k+1\quad(k=1,\ 2,\ 3,\ \cdots)$

494 次の漸化式で表される数列の一般項を求めよ.

$b_1=3,\ \ b_{k+1}=b_k+2^k\quad(k=1,\ 2,\ 3,\ \cdots)$

495 n が自然数のとき, 4^n-1 は3の倍数であることを数学的帰納法で証明せよ.

496 次の漸化式で表される数列がある.

$$a_1=3,\ \ a_{k+1}=\frac{a_k}{a_k+2}\quad(k=1,\ 2,\ 3,\ \cdots)$$

このとき, $a_n=\dfrac{3}{2^{n+1}-3}$ であることを数学的帰納法で証明せよ.

Step up

例題 等比数列の初項 a から第 n 項までの和を S_n とおくとき，等式 $S_{10}=33S_5$ を満たすように公比 r を求めよ．ただし，$a\neq 0$，$r\neq 1$ とする．

解 $r\neq 1$ より　$\dfrac{a(r^{10}-1)}{r-1}=33\cdot\dfrac{a(r^5-1)}{r-1}$　$(a\neq 0)$

これから　$r^{10}-33r^5+32=0$

これを解いて　$r=2$　//

497 次の等比数列の公比を求めよ．

(1) 初項 a から第 n 項までの和を S_n とおくとき，等式 $S_{10}=-31S_5$ を満たすように公比 r を求めよ．ただし，$a\neq 0$，$r\neq 1$ とする．

(2) 初項 3，末項 768，その和が 513

例題 $a_n=n^2-n$ のとき，次を求めよ．

(1) a_{2k-1}　　(2) $a_1+a_3+a_5+\cdots+a_{2n-1}$

解 (1) $a_{2k-1}=(2k-1)^2-(2k-1)=4k^2-6k+2$

(2) (1) の結果より

$$与式=\sum_{k=1}^{n}a_{2k-1}=\sum_{k=1}^{n}(4k^2-6k+2)=4\sum_{k=1}^{n}k^2-6\sum_{k=1}^{n}k+\sum_{k=1}^{n}2$$

$$=\frac{2}{3}n(n+1)(2n+1)-3n(n+1)+2n=\frac{1}{3}n(n-1)(4n+1)\quad //$$

498 $a_n=n^2+n$ であるとき，次を求めよ．

(1) a_{2k}　　(2) $a_2+a_4+a_6+\cdots+a_{2n}$

例題 $\displaystyle\sum_{k=1}^{n}\frac{1}{k(k+1)}$ を求めよ．

解 恒等式 $\dfrac{1}{k(k+1)}=\dfrac{1}{k}-\dfrac{1}{k+1}$ を用いて

$$\sum_{k=1}^{n}\frac{1}{k(k+1)}=\sum_{k=1}^{n}\left(\frac{1}{k}-\frac{1}{k+1}\right)$$

$$=\left(\frac{1}{1}-\frac{1}{2}\right)+\left(\frac{1}{2}-\frac{1}{3}\right)+\left(\frac{1}{3}-\frac{1}{4}\right)+\cdots+\left(\frac{1}{n-1}-\frac{1}{n}\right)+\left(\frac{1}{n}-\frac{1}{n+1}\right)$$

$$=1-\frac{1}{n+1}=\frac{n}{n+1}\quad //$$

499 $\displaystyle\sum_{k=1}^{n}\frac{1}{k(k+2)}$ を求めよ．

例題にあるような恒等式を求めて利用せよ．

500 $\dfrac{1}{2!}+\dfrac{2}{3!}+\dfrac{3}{4!}+\cdots+\dfrac{n}{(n+1)!}$ を求めよ．

$\dfrac{k}{(k+1)!}=\dfrac{1}{k!}-\dfrac{1}{(k+1)!}$ を利用せよ．

501 次の問いに答えよ.

(1) $\dfrac{1}{\sqrt{k+1}+\sqrt{k}}=\sqrt{k+1}-\sqrt{k}$ を証明せよ.

(2) $\displaystyle\sum_{k=1}^{n}\frac{1}{\sqrt{k+1}+\sqrt{k}}$ を求めよ.

(1) の恒等式を利用せよ.

例題 次の和を求めよ.

$$S_n=1\cdot1+2\cdot2+3\cdot2^2+\cdots+n\cdot2^{n-1}$$

解 両辺に2をかけると $2S_n=1\cdot2+2\cdot2^2+3\cdot2^3+\cdots+n\cdot2^n$

辺々引くと $(1-2)S_n=1+2+2^2+\cdots+2^{n-1}-n\cdot2^n$

$$-S_n=\frac{1-2^n}{1-2}-n\cdot2^n=-1+2^n-n\cdot2^n=-1-(n-1)\cdot2^n$$

よって $S_n=1+(n-1)\cdot2^n$ //

502 次の和を求めよ.

$$S_n=1\cdot1+3\cdot2+5\cdot2^2+\cdots+(2n-1)\cdot2^{n-1}$$

例題 $a_1=1$, $a_{k+1}=3a_k+2$ で表される数列について, 以下の問いに答えよ.

(1) この漸化式が $a_{k+1}-\alpha=3(a_k-\alpha)$ と変形できるときの定数 α を求めよ.

(2) 一般項を求めよ.

解 (1) 展開して整理すると $a_{k+1}=3a_k-2\alpha$ となる. $-2\alpha=2$ より $\alpha=-1$

(2) (1) より, 数列 $\{a_n+1\}$ は公比3の等比数列である.

初項が $a_1+1=2$ だから $a_n+1=2\cdot3^{n-1}$ $\therefore\ a_n=2\cdot3^{n-1}-1$ //

503 次の漸化式で表される数列の一般項を求めよ.

(1) $a_1=1$, $a_{k+1}=2a_k+1$

(2) $a_1=2$, $a_{k+1}=3a_k-2$

(3) $a_1=2$, $a_{k+1}=-2a_k+1$

例題 自然数 n について, 不等式 $2^n>n$ が成り立つことを, 数学的帰納法で証明せよ.

解 (i) $n=1$ のとき, 左辺 $=2^1=2$, 右辺 $=1$ だから成り立つ.

(ii) $n=k$ のとき $2^k>k$ が成り立つと仮定する. 両辺に2をかけて $2^{k+1}>2k$

$2k\geqq k+1$ より $2^{k+1}>k+1$ したがって, $n=k+1$ のときも成り立つ.

(i), (ii) より, すべての自然数 n について, $2^n>n$ が成り立つ. //

504 自然数 n について, $x>2$ のとき, 不等式 $x^n>2^n$ が成り立つことを証明せよ.

例題 $x>0$ のとき，2 以上の自然数 n について，不等式 $(1+x)^n>1+nx$ が成り立つことを，数学的帰納法で証明せよ．

解 (i) $n=2$ のとき，$(1+x)^2=1+2x+x^2>1+2x$ だから成り立つ．

(ii) $n=k$ のとき，$(1+x)^k>1+kx$ が成り立つと仮定する．

$$(1+x)^{k+1}>(1+kx)(1+x)=1+(k+1)x+kx^2>1+(k+1)x$$

したがって，$n=k+1$ のときも成り立つ．

(i), (ii) より，2 以上の自然数 n について，$(1+x)^n>1+nx$ が成り立つ． //

証明したい最初の n は 2

両辺に $1+x$ をかける．$(1+x>0)$

505 自然数 n について，次の不等式が成り立つことを，数学的帰納法で証明せよ．

(1) $2^n>n^2 \quad (n \geqq 5)$

(2) $\dfrac{1}{2^2}+\dfrac{1}{3^2}+\dfrac{1}{4^2}+\cdots\cdots+\dfrac{1}{n^2}<\dfrac{n-1}{n} \quad (n \geqq 2)$

例題 n が自然数のときに，次の等式が成り立つことを (1)，(2) の 2 通りの方法で証明せよ． $\displaystyle\sum_{k=1}^{n}k^3=\frac{1}{4}n^2(n+1)^2=\left\{\frac{n(n+1)}{2}\right\}^2$

(1) 恒等式 $(k+1)^4-(k-1)^4=8k^3+8k$ を用いる．

(2) 数学的帰納法を用いる．

解 (1) $\displaystyle\sum_{k=1}^{n}\left\{(k+1)^4-(k-1)^4\right\}=2n(n+1)(n^2+n+2)$

この左辺は $\displaystyle\sum_{k=1}^{n}8k^3+\sum_{k=1}^{n}8k=8\sum_{k=1}^{n}k^3+4n(n+1)$

$$\therefore\ \sum_{k=1}^{n}k^3=\frac{1}{4}\{n(n+1)(n^2+n+2)-2n(n+1)\}=\frac{1}{4}n^2(n+1)^2$$

(1) 変数の名前を変えて，$\displaystyle\sum_{j=1}^{n}j^3=\frac{1}{4}n^2(n+1)^2$ を証明する．

(i) $n=1$ のとき，左辺 $=1$，右辺 $=1$ だから成り立つ．

(ii) $n=k$ のとき，$\displaystyle\sum_{j=1}^{k}j^3=\frac{1}{4}k^2(k+1)^2$ が成り立つと仮定する．

$$\sum_{j=1}^{k+1}j^3=\sum_{j=1}^{k}j^3+(k+1)^3=\frac{1}{4}k^2(k+1)^2+(k+1)^3$$

$$=\frac{1}{4}(k+1)^2(k^2+4k+4)=\frac{1}{4}(k+1)^2(k+2)^2$$

よって，$n=k+1$ のときも成り立つ．

(i), (ii) より，すべての自然数 n について成り立つ． //

$$\begin{aligned}&(2^4-0^4)\\+&(3^4-1^4)\\+&(4^4-2^4)\\+&(5^4-3^4)\\+&(6^4-4^4)+\cdots\\&\quad\vdots\\+&\{(n-1)^4-(n-3)^4\}\\+&\{\quad n^4\quad-(n-2)^4\}\\+&\{(n+1)^4-(n-1)^4\}\\=&\,n^4+(n+1)^4-1^4\\=&\,2n(n+1)(n^2+n+2)\end{aligned}$$

506 n が自然数のときに，等式 $\displaystyle\sum_{k=1}^{n}k^2+2\sum_{k=1}^{n}k^3+5\sum_{k=1}^{n}k^4=n^2(n+1)^3$ が成り立つことを証明せよ．

7 章 場合の数と数列

Plus

1——三項定理

例題 $(a+b+c)^n$ を展開したときの $a^p b^q c^r$ の係数は $\dfrac{n!}{p!\,q!\,r!}$ となることを証明せよ．（ただし $p+q+r=n$）

解 $a^p b^q c^r$ は，n 個の $(a+b+c)$ のうち，a を p 個，b を q 個，c を r 個選んで掛けることにより得られる．

したがって，$a^p b^q c^r$ の係数は，a を p 個，b を q 個，c を r 個並べた順列の総数だから $\dfrac{n!}{p!\,q!\,r!}$ となる． //

507 $(x+y+z)^8$ を展開したとき，$x^4y^2z^2$ の係数を求めよ．

508 $(x+y+2)^6$ を展開したとき，x^2y^3 の係数を求めよ．

2——階差数列

数列 $\{a_n\}$ について，$b_n=a_{n+1}-a_n$ を**階差**といい，階差からなる数列 $\{b_n\}$ を数列 $\{a_n\}$ の**階差数列**という．数列 $\{a_n\}$ の一般項 a_n は，階差数列 $\{b_n\}$ を使って

$$a_n = a_1+(-a_1+a_2)+(-a_2+a_3)+\cdots+(-a_{n-2}+a_{n-1})+(-a_{n-1}+a_n)$$
$$= a_1+b_1+b_2+\cdots+b_{n-1} = a_1+\sum_{k=1}^{n-1} b_k \quad (n \geqq 2)$$

と表すことができる．

●**注**…ただし，a_1 については別に調べる必要がある．

例題 $a_1=1,\ a_{k+1}=a_k+3k\ (k \geqq 1)$ で表される数列の一般項を求めよ．

解 $\{a_n\}$ の階差数列を $\{b_n\}$ とすると $b_k=a_{k+1}-a_k=3k$

$$a_n=a_1+\sum_{k=1}^{n-1} b_k = 1+\sum_{k=1}^{n-1} 3k = 1+3\frac{(n-1)n}{2} = \frac{3n^2-3n+2}{2} \quad (n \geqq 2)$$

この式は $n=1$ のときも成り立つから，$a_n=\dfrac{3n^2-3n+2}{2}$ //

509 次の漸化式で表される数列の一般項を求めよ．

(1) $a_1=7,\ a_{k+1}=a_k+4k+1$　　(2) $a_1=0,\ a_{k+1}=a_k+k^2$

(3) $a_1=1,\ a_{k+1}=a_k+\dfrac{1}{k(k+1)}$

510 数列 1, 3, 7, 13, 21, $\cdots$ の一般項を求めよ．

解答

数と式の計算

1 整式の計算

Basic

1 (1) $4x^2-3x+3$ (2) $3x^2-x-1$

2 $A+B$, $A-B$ の順に

(1) $5x^2+2x-6$, $-x^2+8x$

(2) $5x^3-x^2+3x+1$, x^3+x^2-7x+1

3 (1) $5x^2+(-y-2)x+(3y^2-5)$

(2) $x^3-2ax^2-a^2x+a^3$

4 $A+B$, $A-B$ の順に

(1) $2x^3+7ax^2-2a^2x-a^3$

$2x^3+ax^2+2a^2x-5a^3$

(2) $-y^2+(5x^2+4x)y+(x^3+2)$

$-y^2+(-x^2+6x)y+(x^3-2)$

5 (1) $-27x^3$ (2) $-a^6$ (3) $8a^8b^9$

(4) $x^3+7x^2+7x-20$

6 (1) $x^2+4xy+4y^2$ (2) $9a^2-6ab+b^2$

(3) $9x^2-49y^2$ (4) $x^2+ax-6a^2$

(5) $2x^2+11x+12$ (6) $6x^2+5xy-6y^2$

(7) $8a^3+12a^2b+6ab^2+b^3$

(8) $27x^3-54x^2y+36xy^2-8y^3$

7 (1) $x^2+2xy+y^2+2x+2y+1$

(2) $x^2-4xy+4y^2+6x-12y+9$

(3) a^3+8 (4) $27x^3-1$

8 (1) $4x^2+4xy+y^2+16x+8y+15$

(2) a^4-a^2+2a-1

9 (1) $a(2a+3b)(2a-3b)$

(2) $(a-1)(b-c)$

(3) $(2a+3)(4a^2-6a+9)$

(4) $(x+y+z)(x+y-z)$

10 (1) $(x-2)(x-3)$ (2) $(x+3)(x-10)$

11 (1) $(2x+5)(3x+1)$ (2) $(3x-2)(x+2)$

12 (1) $(x^2+4)(x+2)(x-2)$

(2) $(x-y+5)(x-y-3)$

(3) $(x+y-1)(x+y-2)$

(4) $(2x+3y+1)(x+y-2)$

13 (1) 商 $x+5$, 余り 9

$A=B(x+5)+9$

(2) 商 $4x^2-13x+16$, 余り -16

$A=B(4x^2-13x+16)-16$

(3) 商 $2x+1$, 余り $-9x+3$

$A=B(2x+1)-9x+3$

14 $6x^3+9x^2-2x+2$

15 最大公約数, 最小公倍数の順に

(1) bc, ab^2c^3d

(2) $x+2$, $(x+2)(x-1)(x-2)$

(3) $x+1$, $(x+1)^2(x-1)(x^2-x+1)$

16 (1) $-8x^2-13x+5$ (2) -4

(3) $-2a^3+6a^2-3a-1$

17 (1) 1 (2) -3

18 3

19 $x+2$, $x+3$

20 $k=5$

21 (1) $(x-1)(x-2)(x+3)$

(2) $(x+1)^2(x+2)$

(3) $(x-2)(x+3)(2x+1)$

(4) $(x-1)(x+1)(x+2)(x+3)$

Check

22 (1) $5x^2+5x$　(2) $10x-5$　⇒2

23 (1) $-8a^3b^6$　(2) $3x^2+5xy-2y^2$

(3) $4x^2+12xy+9y^2$　(4) $25a^2-9b^2$

(5) $x^3+9x^2y+27xy^2+27y^3$

(6) $9x^2+12xy+4y^2-6x-4y+1$

(7) x^3-64

(8) $4a^2+4ab+b^2+2a+b-6$　⇒5,6,7,8

24 (1) $(x-3)(x-6)$

(2) $3b(a+2b)(a-2b)$

(3) $(x-2)(x^2+2x+4)$

(4) $(3a+1)(9a^2-3a+1)$

(5) $(2a+9)(a-2)$

(6) $(4x+y)(3x-2y)$

(7) $(a+b-2)(b+3)$

(8) $(2x-y-1)(x+y-1)$　⇒9,10,11,12

25 (1) 商 $x+3$，余り $-5x-3$

$A=B(x+3)-5x-3$

(2) $2x^3+x^2+12x+2$　⇒13,14

26 最大公約数，最小公倍数の順に

(1) bc，$a^2b^2cd^3$

(2) $x-3$，$(x-3)^2(x+7)(2x+1)$　⇒15

27 (1) $a=3$　(2) $a=-1$　⇒17,18

28 (1) $(x-1)(x-2)(x-3)$

(2) $(x+1)(x-2)(x+4)$

(3) $(x-2)^2(x-3)$

(4) $(x-1)(x-2)(x+3)^2$　⇒21

Step up

29 (1) $64a^6-b^6$

(2) $(x-1)(x-4)$ と $(x-2)(x-3)$ で組み合わせて展開せよ．

$x^4-10x^3+35x^2-50x+24$

30 (1) 与式 $=(x+y)z+xy(x+y)$

$=(x+y)(xy+z)$

(2) 与式 $=(a+b)(a^2-ab+b^2)+ab(a+b)$

$=(a+b)(a^2+b^2)$

(3) 与式 $=(x^3-1)(x^3-8)$

$=(x-1)(x-2)(x^2+x+1)(x^2+2x+4)$

(4) a について整理すると

与式 $=(b-c)a^2-(b^2-c^2)a+bc(b-c)$

$=(b-c)\{a^2-(b+c)a+bc\}$

$=-(a-b)(b-c)(c-a)$

31 (1) $(x-3)^2(x+2)$

(2) $(x-1)(x-5)(x^2+2x+2)$

32 (1) $(4a^4+4a^2+1)-4a^2$

$=(2a^2+1)^2-(2a)^2$

$=(2a^2+2a+1)(2a^2-2a+1)$

(2) $(9x^4+12x^2+4)-x^2$ と変形せよ．

$(3x^2+x+2)(3x^2-x+2)$

(3) $(x^4-2x^2+1)-4x^2$ と変形せよ．

$(x^2+2x-1)(x^2-2x-1)$

(4) $(x^4+6x^2+9)-9x^2$ と変形せよ．

$(x^2+3x+3)(x^2-3x+3)$

33 $x^2-3x-4=(x+1)(x-4)$ より例題と同様にして，余りは　$3x+4$

34 $P(x)=(x^2+1)Q(x)+x^3+2x$ と表される．

x^3+2x を x^2+1 で割ると商が x で，余りが x だから

$P(x)=(x^2+1)Q(x)+(x^2+1)x+x$

$=(x^2+1)\{Q(x)+x\}+x$

したがって，求める余りは　x

35 $P(x)=(x-2)Q(x)+4$

$Q(x)=(x+3)R(x)+3$

と表されるから

$$P(x)=(x-2)\{(x+3)R(x)+3\}+4$$
$$=(x-2)(x+3)R(x)+3x-2$$

x^2+x-6 で割った余りは　$3x-2$

$x+3$ で割った余りは　$P(-3)=-11$

2 いろいろな数と式

Basic

36 (1) $\dfrac{9}{4xyz^2}$　(2) $\dfrac{xy}{x-y}$

(3) $\dfrac{x-y+1}{x+y+1}$　(4) $\dfrac{x-4}{x^2+2x+4}$

37 (1) $\dfrac{3x+8}{(x+2)(x+3)}$　(2) $\dfrac{x^2+y^2}{(x+y)(x-y)}$

(3) $\dfrac{4ab}{(a+b)(a-b)}$　(4) $\dfrac{2}{2a+1}$

38 (1) $-\dfrac{16yz}{3x}$

(2) $\dfrac{a+3b}{a(a^2-2ab+4b^2)}$

39 (1) $\dfrac{a}{a^2+a+1}$　(2) $x+3$

40 (1) $x-1+\dfrac{1}{x-2}$

(2) $x+5+\dfrac{3x-8}{x^2-2x+3}$

41 (1) 4　(2) 8　(3) 2

42 (1) $4\sqrt{2}$　(2) $-8+7\sqrt{6}$

(3) $\dfrac{1}{4}$　(4) $\dfrac{9}{2}$

43 (1) $3-\sqrt{3}$　(2) $3\sqrt{2}-2$

44 (1) $2\sqrt{6}$　(2) $\dfrac{\sqrt{5}-\sqrt{3}}{2}$

(3) $3\sqrt{2}+2\sqrt{3}$　(4) $17-12\sqrt{2}$

45 (1) $5+i$　(2) $2+8i$　(3) $18+4i$

(4) $-5+12i$　(5) $-i$　(6) $\dfrac{1}{5}$

46 (1) -3　(2) -4　(3) $3\sqrt{2}\,i$

(4) $5i$　(5) $\sqrt{6}\,i$　(6) 2

(7) $-2i$　(8) $3i$

47 (1) $1+3i$　(2) $3-2i$

(3) $-3+i$　(4) $-3i$

48

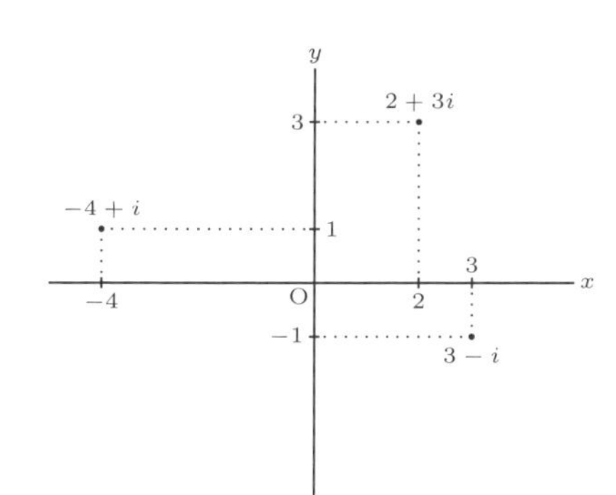

49 (1) $2-3i$

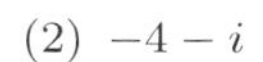
(2) $-4-i$

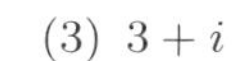
(3) $3+i$

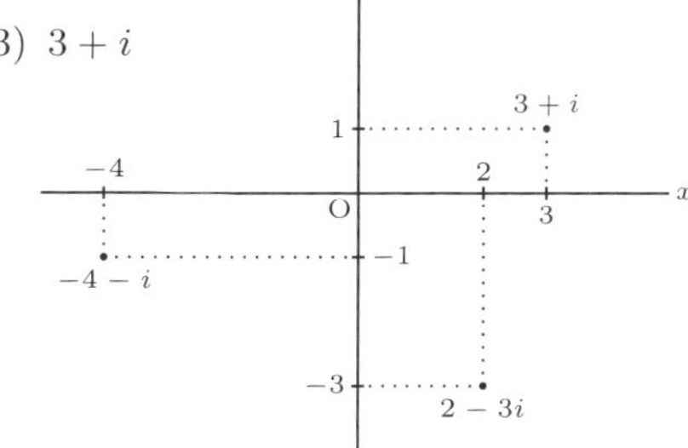

50 (1) 8　(2) 25　(3) $-4i$　(4) 13

51 (1) $\sqrt{2}$　(2) $\sqrt{2}$　(3) 3

(4) $\sqrt{5}$　(5) 5　(6) 2

Check

52 (1) $\dfrac{3x}{4y^3}$　(2) $\dfrac{a^2}{(a+3b)(a-3b)}$

(3) y^2　(4) $\dfrac{x-1}{x+2}$

(5) $\dfrac{x}{x+5}$　(6) $x+1$

⇨36,37,38,39

53 (1) $x+1+\dfrac{3}{x^2-4x+3}$

(2) $x-2+\dfrac{x+6}{x^2-3x+2}$

⇨40

54 (1) $5\sqrt{2}$　(2) $\sqrt{5}$

(3) 1　(4) $4\sqrt{3}$

⇨42

55 (1) $\sqrt{2}-1$ (2) $\dfrac{1+\sqrt{5}}{2}$ ⇒43,44

56 (1) 2 (2) $4\sqrt{3}$

(3) 16 (4) 2 ⇒41

57 (1) $12-5i$ (2) 1

(3) -9 (4) $-4i$ ⇒45,46

58 (1) $\sqrt{13}$ (2) 5

(3) 1 (4) $\sqrt{5}$ ⇒51

59 (1) 4 (2) $-5+12i$

(3) 13 (4) 13 ⇒45,50,51

Step up

60 (1) $\dfrac{4}{(x-1)(x-2)(x-3)}$

(2) 符号に注意して通分せよ. 0

(3) $-\dfrac{x+y}{xy(x^2+xy+y^2)}$

(4) $\dfrac{2x+3y}{2x-3y}$

61 (1) $\dfrac{2x}{x^2+1}$

(2) $-\dfrac{t+2}{t-2}$

(3) $\dfrac{1}{1+\dfrac{1}{a}}=\dfrac{a}{a+1}$, $\dfrac{1}{1-\dfrac{1}{a}}=\dfrac{a}{a-1}$

であることより

与式 $=\dfrac{a-\dfrac{a}{a+1}}{a+\dfrac{a}{a-1}}$ とせよ. $\dfrac{a-1}{a+1}$

(4) 与式 $=\dfrac{1}{1-\dfrac{1}{1-\dfrac{x}{x-1}}}$

$=\dfrac{1}{1-\dfrac{x-1}{x-1-x}}=\dfrac{1}{x}$

62 (1) 与式 $=\dfrac{2+\sqrt{3}-\sqrt{7}}{(2+\sqrt{3}+\sqrt{7})(2+\sqrt{3}-\sqrt{7})}$

とせよ. $\dfrac{2\sqrt{3}+3-\sqrt{21}}{12}$

(2) $\dfrac{2+\sqrt{2}}{2}$

63 (1) $\alpha=a+bi$ とおくと $\overline{\alpha}=a-bi$ より

$|\overline{\alpha}|=\sqrt{a^2+(-b)^2}=\sqrt{a^2+b^2}=|\alpha|$

(2) $|\alpha+\beta|^2=(\alpha+\beta)\overline{(\alpha+\beta)}$

$=(\alpha+\beta)(\overline{\alpha}+\overline{\beta})$

$=\alpha\overline{\alpha}+\alpha\overline{\beta}+\overline{\alpha}\beta+\beta\overline{\beta}$

$=|\alpha|^2+\alpha\overline{\beta}+\overline{\alpha}\beta+|\beta|^2$

(3) $|\alpha|=\left|\beta\cdot\dfrac{\alpha}{\beta}\right|=|\beta|\left|\dfrac{\alpha}{\beta}\right|$ より

$\left|\dfrac{\alpha}{\beta}\right|=\dfrac{|\alpha|}{|\beta|}$

Plus

64 $\sqrt{a+b+2\sqrt{ab}}=\sqrt{(\sqrt{a}+\sqrt{b})^2}$

$=|\sqrt{a}+\sqrt{b}|=\sqrt{a}+\sqrt{b}$

65 (1) $\sqrt{2+1+2\sqrt{2\cdot 1}}=\sqrt{2}+1$

(2) $\sqrt{3+2-2\sqrt{3\cdot 2}}=\sqrt{3}-\sqrt{2}$

(3) $\sqrt{6-2\sqrt{8}}=2-\sqrt{2}$

(4) $\sqrt{7-2\sqrt{12}}=2-\sqrt{3}$

(5) $\sqrt{\dfrac{4+2\sqrt{3}}{2}}=\dfrac{\sqrt{3}+1}{\sqrt{2}}=\dfrac{\sqrt{6}+\sqrt{2}}{2}$

(6) $\sqrt{\dfrac{8-2\sqrt{7}}{2}}=\dfrac{\sqrt{7}-1}{\sqrt{2}}=\dfrac{\sqrt{14}-\sqrt{2}}{2}$

66 (1) $\sqrt{x}-1$

(2) $\sqrt{a+(1-a)+2\sqrt{a(1-a)}}$

$=\sqrt{a}+\sqrt{1-a}$

67 与式 $=\dfrac{5}{\sqrt{6}-1}=\sqrt{6}+1$ と変形できる.

$2<\sqrt{6}<3$ より $3<\sqrt{6}+1<4$ だから

$a=3,\ b=\sqrt{6}+1-3=\sqrt{6}-2$ より

$\dfrac{1}{a}+\dfrac{1}{b}=\dfrac{1}{3}+\dfrac{1}{\sqrt{6}-2}$

$=\dfrac{1}{3}+\dfrac{\sqrt{6}+2}{2}=\dfrac{8+3\sqrt{6}}{6}$

2章 方程式と不等式

1 方程式

Basic

68 (1) $x=-1,\ 4$　(2) $x=0,\ -3$

(3) $x=2,\ \dfrac{1}{3}$　(4) $x=-\dfrac{1}{2},\ \dfrac{3}{4}$

69 (1) $x=\dfrac{-7\pm\sqrt{17}}{2}$　(2) $x=\dfrac{5\pm\sqrt{13}}{6}$

(3) $x=-1\pm2\sqrt{2}$　(4) $x=\dfrac{1\pm\sqrt{7}}{2}$

70 (1) $x=6$　(2) $x=-\dfrac{5}{2}$

71 (1) $x=\dfrac{-5\pm\sqrt{3}i}{2}$　(2) $x=\dfrac{-3\pm\sqrt{7}i}{4}$

(3) $x=\pm2i$　(4) $x=\dfrac{1\pm\sqrt{11}i}{3}$

72 (1) $D=-15<0$　異なる 2 つの虚数解

(2) $D=41>0$　異なる 2 つの実数解

(3) $D=0$　2 重解

73 (1) $k=-4$ のとき $x=2$

$k=8$ のとき $x=-4$

(2) $k=1$ のとき $x=-\dfrac{1}{2}$

$k=9$ のとき $x=-\dfrac{3}{2}$

74 (1) -2　(2) 15　(3) -8

75 (1) $(x-1-\sqrt{3})(x-1+\sqrt{3})$

(2) $\left(x-\dfrac{3+\sqrt{7}i}{2}\right)\left(x-\dfrac{3-\sqrt{7}i}{2}\right)$

(3) $3\left(x-\dfrac{-1+\sqrt{2}i}{3}\right)\left(x-\dfrac{-1-\sqrt{2}i}{3}\right)$

(4) $4\left(x-\dfrac{2+\sqrt{3}}{2}\right)\left(x-\dfrac{2-\sqrt{3}}{2}\right)$

$\left(=(2x-2-\sqrt{3})(2x-2+\sqrt{3})\right)$

76 (1) $x=\pm3,\ \pm\sqrt{2}i$　(2) $x=0,\ \pm1,\ \pm3i$

77 (1) $x=-1,\ \dfrac{-3\pm\sqrt{13}}{2}$

(2) $x=-1,\ -\dfrac{1}{2},\ 2$

78 (1) $x=3,\ y=1,\ z=-2$

(2) $x=-1,\ y=2,\ z=1$

79 (1) $\begin{cases}x=1\\y=-1\end{cases},\ \begin{cases}x=-3\\y=7\end{cases}$

(2) $\begin{cases}x=2\pm\sqrt{3}\\y=-2\pm\sqrt{3}\end{cases}$ (複号同順)

80 (1) $x=-1,\ \dfrac{1}{3}$　(2) $x=2,\ 5$

81 (1) 3　(2) -1 (3 は無縁解)

82 (1) 5 (2 は無縁解)　(2) 1 (-3 は無縁解)

83 (1) $a=5,\ b=3,\ c=1$

(2) $a=2,\ b=0,\ c=-3$

84 (1) $a=2,\ b=-3,\ c=-1$

(2) $a=2,\ b=2,\ c=1$ または

$a=4,\ b=1,\ c=2$

85 (1) $a=-\dfrac{1}{2},\ b=\dfrac{1}{2}$

(2) $a=3,\ b=-3,\ c=2$

86 右辺 $=x^3+3x^2y+3xy^2+y^3-3x^2y-3xy^2$

$=x^3+y^3=$ 左辺

87 $c=-a-b$ より

左辺 $=a^2+a(-a-b)=-ab$

右辺 $=b^2+b(-a-b)=-ab$

$\therefore$ 左辺 $=$ 右辺

Check

88 (1) $x=-\dfrac{3}{2},\ \dfrac{4}{3}$　(2) $x=\dfrac{-2\pm\sqrt{2}i}{3}$

(3) $x=\sqrt{3}$　(4) $x=\dfrac{7\pm\sqrt{17}}{4}$

(5) $x=\dfrac{-3\pm2\sqrt{6}}{3}$

(6) $x=\dfrac{3\pm\sqrt{3}i}{4}$

⇨68,69,70,71

89 (1) $x=\pm1,\ \pm3$　(2) $x=2,\ -1\pm\sqrt{2}$

(3) $x=2,\ -\dfrac{1}{2}$

(4) $x=-\dfrac{3}{4}$ (1 は無縁解)

(5) $x=\dfrac{2}{3}$ (-1 は無縁解)

⇨76,77,80,81,82

90 (1) $x=3,\ y=4,\ z=-1$

(2) $\begin{cases} x=1 \\ y=-2 \end{cases},\ \begin{cases} x=-\dfrac{1}{2} \\ y=\dfrac{5}{2} \end{cases}$ ⇨78,79

91 $k=-2$ のとき $x=1$, $k=2$ のとき $x=3$ ⇨73

92 (1) $-\dfrac{2}{9}$

(2) $\alpha^3+\beta^3=(\alpha+\beta)^3-3\alpha\beta(\alpha+\beta)=-\dfrac{10}{27}$

⇨74,86

93 (1) $\left(x-\dfrac{1+\sqrt{3}\,i}{2}\right)\left(x-\dfrac{1-\sqrt{3}\,i}{2}\right)$

(2) $3\left(x-\dfrac{-4+\sqrt{7}}{3}\right)\left(x-\dfrac{-4-\sqrt{7}}{3}\right)$

⇨75

94 (1) $a=1,\ b=2,\ c=-1$

(2) $a=3,\ b=-4$ ⇨83,84,85

95 左辺 $=x^5+x^4+x^3+x^2+x+1$

右辺 $=x^5+x^3+x+x^4+x^2+1$

$\therefore$ 左辺 $=$ 右辺 ⇨86

96 $x+y+z=0$ を変形した式を用いよ.

左辺 $=(x+y)\cdot(-x)\cdot(-y)=xy(x+y)$

右辺 $=-xy\cdot\{-(x+y)\}=xy(x+y)$

$\therefore$ 左辺 $=$ 右辺 ⇨87

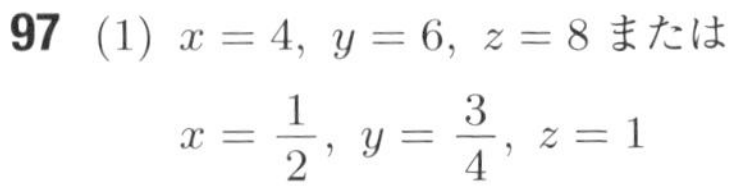

97 (1) $x=4,\ y=6,\ z=8$ または

$x=\dfrac{1}{2},\ y=\dfrac{3}{4},\ z=1$

(2) $\begin{cases} x=0 \\ y=-4 \end{cases},\ \begin{cases} x=\pm\sqrt{7} \\ y=3 \end{cases}$

98 (1) $x=-1\pm\sqrt{2},\ 1\pm\sqrt{2}$

(2) $x=\dfrac{-1\pm\sqrt{3}i}{2},\ \dfrac{1\pm\sqrt{3}i}{2}$

99 (1) $x=-3,\ 1$ (-1 は無縁解)

(2) 10 を移項して, 両辺を 2 乗する.

$x=7$ $\left(\dfrac{15}{4}\text{は無縁解}\right)$

(3) $x=2,\ 10$

100 静水での速さを毎時 $x$km とする. 上りと下りの所要時間はそれぞれ $\dfrac{60}{x-3},\ \dfrac{60}{x+3}$ だから

$\dfrac{60}{x-3}=\dfrac{60}{x+3}+5$ これを解いて $x=\pm 9$

$x>0$ より $x=9$ 毎時 9km

101 与えられた分数式を k とおくと

$x=(b-c)k,\ y=(c-a)k,\ z=(a-b)k$ より

左辺 $=(b+c)(b-c)k+(c+a)(c-a)k$

$+(a+b)(a-b)k=0=$ 右辺

102 $a=2,\ b=17$ 残りの解は 3, 4

103 $a=-7,\ b=4$

104 (1) $\omega^3=1$ より $\omega^{12}=(\omega^3)^4=1$

(2) $\omega^3=1,\ \omega^2+\omega+1=0$ より

$\omega^8+\omega^4=\omega^6\cdot\omega^2+\omega^3\cdot\omega=\omega^2+\omega=-1$

2 不等式

Basic

105 (1) $x\geqq 1$ (2) $x>-4$

(3) $x\leqq\dfrac{1}{5}$ (4) $x>3$

106 みかんの個数を x 個とすると

$1150+30(x-40)\leqq 1600$ $\therefore x\leqq 55$

55 個まで

107 (1) $-3<x\leqq 1$ (2) $x<2$

108 (1) $1<x<3$ (2) $x\leqq -5,\ x\geqq 5$

(3) $-2\leqq x\leqq\dfrac{1}{3}$ (4) $x<-\dfrac{1}{2},\ x>\dfrac{3}{2}$

109 (1) $x\leqq -1,\ 2\leqq x\leqq 3$

(2) $-2<x<1,\ x>4$

110 左辺 $-$ 右辺 $=a^2-4=(a+2)(a-2)$

$a\leqq -2$ より $a+2\leqq 0,\ a-2<0$

したがって $(a+2)(a-2)\geqq 0$

よって $a^2 \geqq 4$　等号成立は $a=-2$ のとき

111 左辺 $-$ 右辺 $= a-c-(b-d)$

$=(a-b)+(d-c)$

$a>b,\ c<d$ より $a-b>0,\ d-c>0$

したがって $a-c-(b-d)>0$

よって $a-c>b-d$

112 左辺 $-$ 右辺 $= x^2+4y^2-4xy=(x-2y)^2 \geqq 0$

よって $x^2+4y^2 \geqq 4xy$

等号成立は $x=2y$ のとき

113 (1) 左辺 $=(x-4)^2 \geqq 0$

(2) 左辺 $=(x+2)^2+1>0$

114 相加平均と相乗平均の関係を用いる．

(1) $\dfrac{a}{2}+\dfrac{1}{2a} \geqq 2\sqrt{\dfrac{a}{2}\cdot\dfrac{1}{2a}}=1$

等号成立は $\dfrac{a}{2}=\dfrac{1}{2a}$ すなわち $a=1$ のとき

(2) $\dfrac{b}{2a}+\dfrac{2a}{b} \geqq 2\sqrt{\dfrac{b}{2a}\cdot\dfrac{2a}{b}}=2$

等号成立は $\dfrac{b}{2a}=\dfrac{2a}{b}$ すなわち $2a=b$ のとき

115 $\overline{A}=\{1,\ 2\}$

116 $A=\{1,\ 3,\ 5,\ 7,\ 9\},\ B=\{3,\ 4,\ 5,\ 6,\ 7,\ 8\}$

(1) $A\cap B=\{3,\ 5,\ 7\}$

(2) $A\cup B=\{1,\ 3,\ 4,\ 5,\ 6,\ 7,\ 8,\ 9\}$

(3) $\overline{A\cap B}=\{1,\ 2,\ 4,\ 6,\ 8,\ 9,\ 10\}$

(4) $\overline{A}\cup\overline{B}=\{1,\ 2,\ 4,\ 6,\ 8,\ 9,\ 10\}$

117 左辺 $=\overline{(\overline{A\cap B})}\cap\overline{\overline{C}}=(\overline{\overline{A}}\cup\overline{\overline{B}})\cap\overline{\overline{C}}=$ 右辺

118 (1) 偽：$x=-2$ のとき $x^2=4>1$ であるが $x<1$

(2) 真

119 (1) 必要　(2) 必要十分

(3) 十分　(4) 必要

120 $\overline{p}$ は「$n \leqq 3$」　$\overline{P}=\{1,\ 2,\ 3\}$

121 (1) $x \neq -1$ かつ $x \neq 1$

(2) $x \leqq 0$ または $y \leqq 0$

122 (1) 逆：$x=1 \rightarrow (x-1)(x-2)=0$

裏：$(x-1)(x-2) \neq 0 \rightarrow x \neq 1$

対偶：$x \neq 1 \rightarrow (x-1)(x-2) \neq 0$

(2) 逆：$x+y>0 \rightarrow\ x>0$ かつ $y>0$

裏：$x \leqq 0$ または $y \leqq 0 \rightarrow x+y \leqq 0$

対偶：$x+y \leqq 0 \rightarrow x \leqq 0$ または $y \leqq 0$

123 対偶「$x \leqq 0$ かつ $y \leqq 0$ ならば $xy \geqq 0$」が真であることから，真である．

Check

124 (1) $x>6$　(2) $x \leqq 4$　⇨105

125 $-\dfrac{2}{3}<x \leqq 5$　⇨107

126 (1) $-4 \leqq x \leqq 1$　(2) $x<\dfrac{2}{3},\ x>2$

(3) $0 \leqq x \leqq 1,\ x \geqq 2$

(4) $x<-1,\ \dfrac{1}{2}<x<1$　⇨108,109

127 判別式 $D>0$ を解いて　$m<1,\ m>9$　⇨108

128 左辺 $-$ 右辺 $=\dfrac{1}{b}-\dfrac{1}{a}=\dfrac{a-b}{ab}$

$a>b>0$ より $a-b>0,\ ab>0$

したがって $\dfrac{a-b}{ab}>0$　よって $\dfrac{1}{b}>\dfrac{1}{a}$　⇨111

129 (1) 左辺 $-$ 右辺

$=x^2y^2+x^2+y^2+1-(x^2y^2+2xy+1)$

$=x^2-2xy+y^2=(x-y)^2 \geqq 0$

よって $(x^2+1)(y^2+1) \geqq (xy+1)^2$

等号成立は $x=y$ のとき

(2) 左辺 $=(x-y)^2+y^2 \geqq 0$

よって $x^2-2xy+2y^2 \geqq 0$

等号成立は $x=y=0$ のとき　⇨112,113

130 (1) $\{4,\ 6,\ 10\}$ (2) $\{1,\ 3,\ 9\}$

⇒115,116,117

131 (1) 十分 (2) 必要十分 (3) 必要

⇒119

132 逆：$x>0$ かつ $y>0 \to xy>0$ 　真

裏：$xy \leqq 0 \to x \leqq 0$ または $y \leqq 0$ 　真

対偶：$x \leqq 0$ または $y \leqq 0 \ \to\ xy \leqq 0$ 　偽

⇒122

Step up

133 (1) $-1 \leqq x \leqq \dfrac{5}{2}$

(2) 第 1 式より $1 \leqq x \leqq 8$，第 2 式より $x>6$

よって　$6<x \leqq 8$

134 (1) $\{x \mid -2<x \leqq 0\}$ (2) $\{x \mid -5 \leqq x<6\}$

135 (1) 両辺に $(x^2-x-2)^2$ を掛けると

$(x-1)(x^2-x-2)>0$

これを解いて　$-1<x<1,\ x>2$

(2) 両辺に $(x+1)^2(x-1)^2$ を掛けると

$2(x+1)^2(x-1)>(x-1)^2(x+1)$

移項してまとめると $(x+3)(x+1)(x-1)>0$

よって　$-3<x<-1,\ x>1$

136 (1) $x \geqq 7$ のとき　$x<-\dfrac{9}{4}$

$x \geqq 7$ より，この場合の解はない．

$x<7$ のとき　$x<\dfrac{5}{6}$

$x<7$ と合わせて $x<\dfrac{5}{6}$

よって，求める解は　$x<\dfrac{5}{6}$

(2) $x \geqq 3$ のとき　$x>5$

$2 \leqq x<3$ のとき　解はない．

$x<2$ のとき　$x<0$

よって，求める解は　$x<0,\ x>5$

137 (1) $(a^2+1)-(a-a^2)=2a^2-a+1$

$=2\left(a \quad \dfrac{1}{4}\right)^2+\dfrac{7}{8}>0$

よって　$a^2+1>a-a^2$

(2) $\{x+(a-a^2)\}\{x+(a^2+1)\}<0$

(1) より　$-(a^2+1)<x<-(a-a^2)$

138 左辺を因数分解して

$\{x-(k+1)\}\{x+(k-2)\}=0$ より

$x=k+1,\ -k+2$

よって $\begin{cases} k+1<3 \\ -k+2<3 \end{cases}$

この連立不等式を解いて　$-1<k<2$

139 2 辺の長さを $a,\ b$，周の長さを l，面積を S とすると　$\dfrac{a+b}{2} \geqq \sqrt{ab}$　すなわち　$\dfrac{l}{4} \geqq \sqrt{S}$

（等号成立は $a=b$ のとき）

l は定数で，$S \leqq \left(\dfrac{l}{4}\right)^2$ が成り立つから，S は $a=b$ のとき最大値 $\left(\dfrac{l}{4}\right)^2$ をとる．よって，面積が最大となる長方形は正方形である

Plus

140 (1) 第 1 式より $x=3y$ または $x=-2y$

$\begin{cases} x=\pm\dfrac{6}{\sqrt{7}} \\ y=\pm\dfrac{2}{\sqrt{7}} \end{cases}$ （複号同順）

$\begin{cases} x=\pm 2\sqrt{2} \\ y=\mp\sqrt{2} \end{cases}$ （複号同順）

(2) 第 2 式より $x=y$ または $x=-5y$

$x=y$ のときの解はない．

$\begin{cases} x=\pm\dfrac{5}{\sqrt{6}} \\ y=\mp\dfrac{1}{\sqrt{6}} \end{cases}$ （複号同順）

(3) 辺々加えると $2x^2=72$

$\begin{cases} x=6 \\ y=4 \end{cases}$，$\begin{cases} x=-6 \\ y=-4 \end{cases}$

(4) 第 1 式 $\times 4-$ 第 2 式 $\times 3$ により定数項を消去すると $8x^2-10xy-3y^2=0$

これより $y=\dfrac{2}{3}x$ または $y=-4x$

$\begin{cases} x=\pm 3 \\ y=\pm 2 \end{cases}$ （複号同順）

$$\begin{cases} x = \pm\sqrt{2} \\ y = \mp 4\sqrt{2} \end{cases} \quad (\text{複号同順})$$

141 左辺 − 右辺 $= (bx - ay)^2 + (cy - bz)^2$

$$+ (az - cx)^2 \geqq 0$$

よって

$(a^2 + b^2 + c^2)(x^2 + y^2 + z^2) \geqq (ax + by + cz)^2$

142 $(|a| + |b|)^2 - (a + b)^2 = 2(|ab| - ab)$

$(a + b)^2 - (|a| - |b|)^2 = 2(ab + |ab|)$

例題の (1) より $|ab| - ab \geqq 0$，$ab + |ab| \geqq 0$ だから

$(|a| - |b|)^2 \leqq (a + b)^2 \leqq (|a| + |b|)^2$

よって，例題の (2) より

$||a| - |b|| \leqq |a + b| \leqq |a| + |b|$

3章　関数とグラフ

1　2次関数

Basic

143　7，−5，$3a + 7$，$3a - 5$

144 (1) $-1 \leqq y \leqq 5$　　(2) $2 \leqq y \leqq 6$

145 (1) 軸 $x = 0$，頂点 $(0,\ -1)$

(2) 軸 $x = 1$，頂点 $(1,\ 0)$

(3) 軸 $x = -1$，頂点 $(-1,\ -2)$

(4) 軸 $x = 2$，頂点 $(2,\ 2)$

(1)
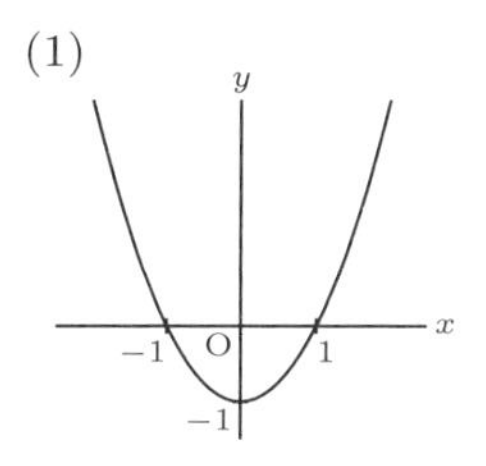

(2)
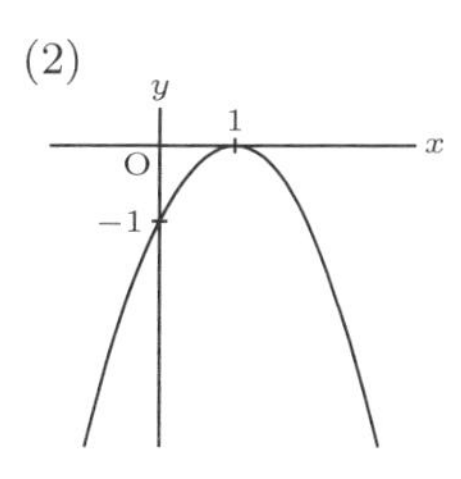

(3)
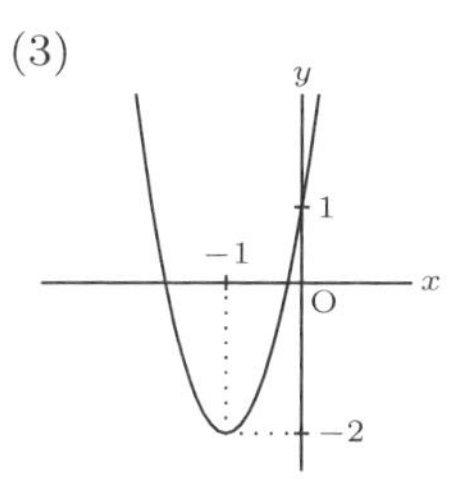

(4)
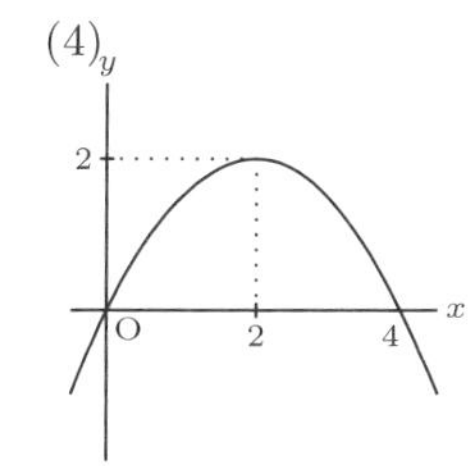

146 (1) $y = 2(x - 3)^2$

(2) $y = 2(x - 1)^2 + 2$

(3) $y = 2(x + 2)^2 - 1$

147 (1) $y = (x - 1)^2$

(2) $y = 2(x - 1)^2 + 1$

(1)
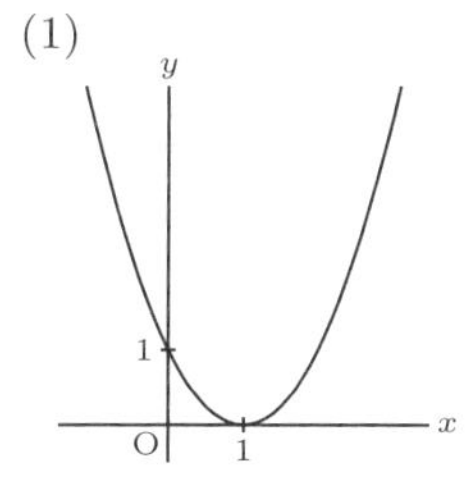

(2)
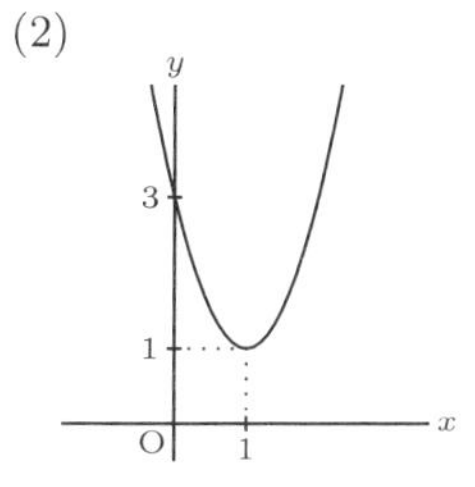

(3) $y = -(x - 2)^2 + 1$

(4) $y = \left(x - \frac{1}{2}\right)^2 - \frac{9}{4}$

(3)
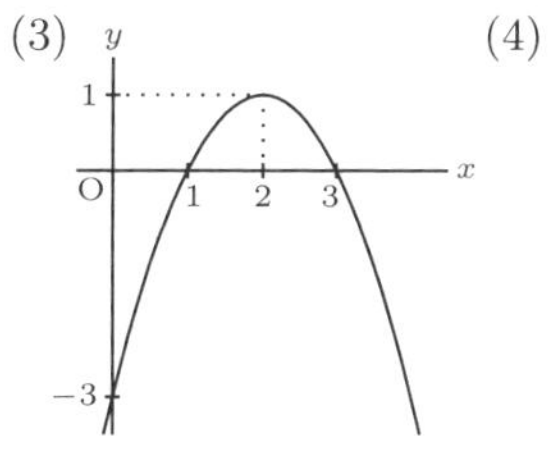

(4)
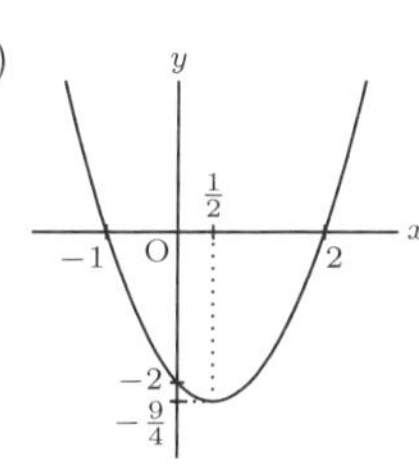

(5) $y = -\frac{1}{2}(x - 1)^2 + \frac{1}{2}$

(6) $y = -2\left(x + \frac{3}{4}\right)^2 + \frac{25}{8}$

(5)
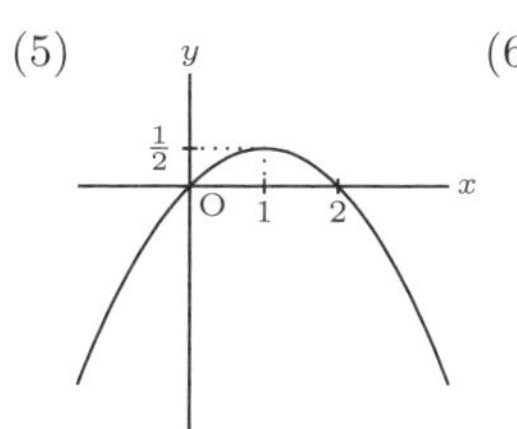

(6)
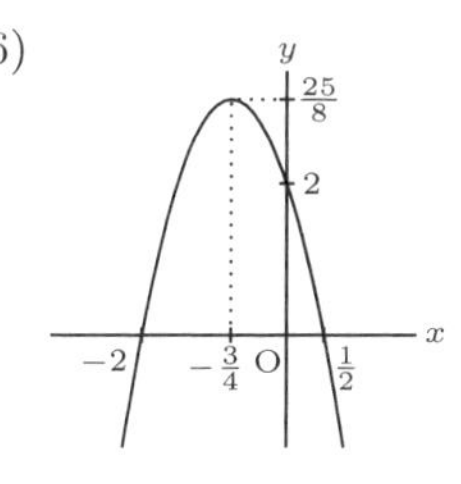

148 (1) $y=-(x-3)^2+5$

(2) $y=-2x^2+3$

(3) $y=(x-2)^2+1$

149 (1) $y=x^2-4x+3=(x-2)^2-1$

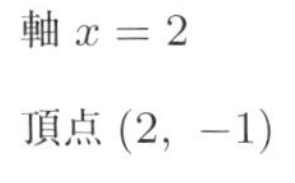

軸 $x=2$

頂点 $(2,\ -1)$

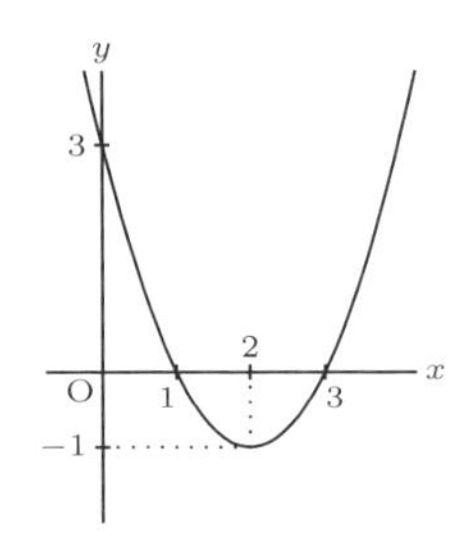

(2) $y=-x^2+x+6=-\left(x-\dfrac{1}{2}\right)^2+\dfrac{25}{4}$

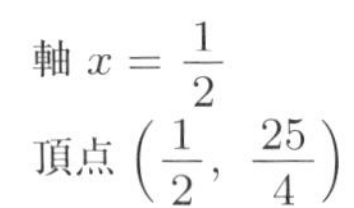

軸 $x=\dfrac{1}{2}$

頂点 $\left(\dfrac{1}{2},\ \dfrac{25}{4}\right)$

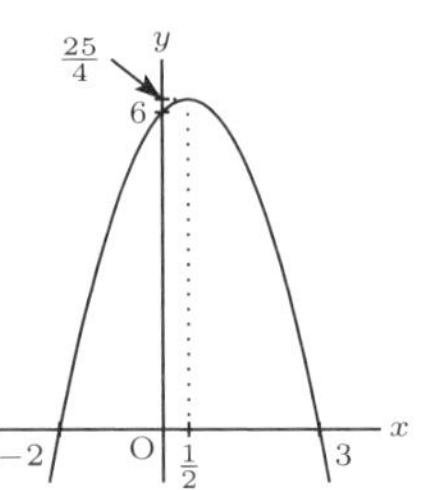

150 (1) 最大値なし，最小値 4 $(x=2)$

(2) 最大値 8 $(x=3)$, 最小値なし

(3) 最大値なし，最小値 -2 $(x=2)$

(4) 最大値 5 $(x=1)$, 最小値なし

151 (1) 最大値 0 $(x=0)$, 最小値 -4 $(x=2)$

(2) 最大値 7 $(x=0)$, 最小値 -1 $(x=2)$

(3) 最大値 3 $(x=1)$, 最小値 -1 $(x=-1)$

(4) 最大値 5 $(x=0,\ 4)$, 最小値 -3 $(x=2)$

(5) 最大値 $\dfrac{7}{2}$ $(x=-1)$, 最小値 -1 $(x=2)$

(6) 最大値 4 $(x=0)$, 最小値 $-\dfrac{1}{2}$ $\left(x=\dfrac{3}{2}\right)$

152 最大値 $8\,\mathrm{cm}^2$ $(x=4)$

153 (1) 2 点で交わる． $x=\dfrac{-5\pm\sqrt{17}}{4}$

(2) 共有点なし

(3) 接する． $x=3$

154 (1) $k<\dfrac{9}{4}$ (2) $k=\pm 6$ (3) $k<-\dfrac{1}{4}$

155 (1) $x\leqq -3,\ x\geqq -1$

(2) $1-\sqrt{2}<x<1+\sqrt{2}$

(1)

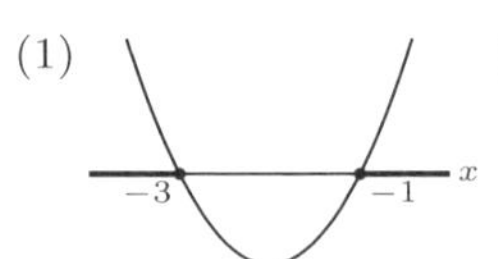

(2)

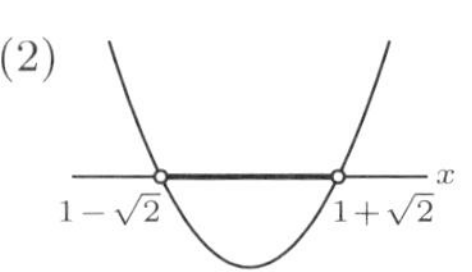

(3) 3 以外のすべての実数 $(x\neq 3)$

(4) 解なし

(3)

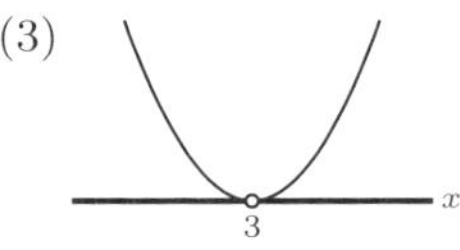

(4)

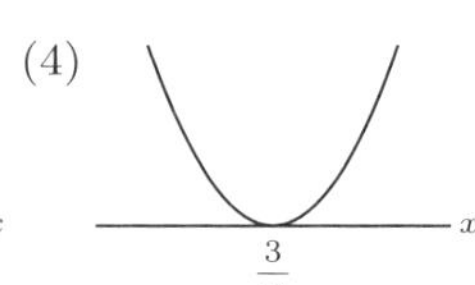

(5) すべての実数

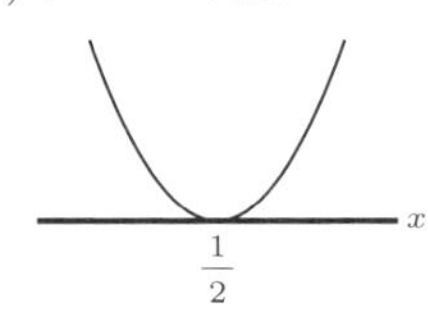

(6) $x=4$

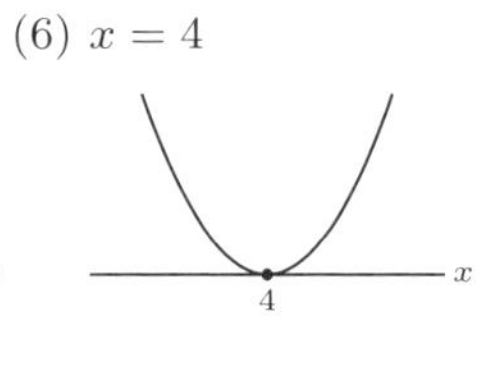

(7) すべての実数

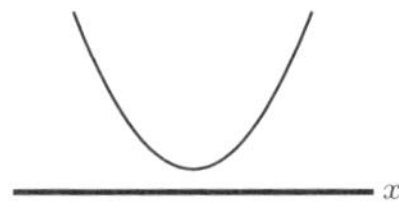

(8) 解なし

Check

156 $y=\dfrac{1}{2}(x+2)^2+1$

⇨146

157 $y=\left(x+\dfrac{3}{2}\right)^2-\dfrac{9}{4}$

軸 $x=-\dfrac{3}{2}$

頂点 $\left(-\dfrac{3}{2},\ -\dfrac{9}{4}\right)$

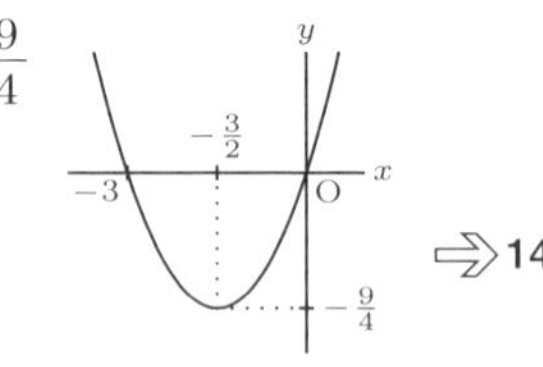

⇨147

158 (1) $y=3(x-2)^2-5$

(2) $y=2(x+1)^2-1$

(3) $y=2x^2-3x+1$

⇨148,149

159 (1) $y=x^2$ と同じ形で，頂点は $(1,\ -4)$ だから

$y=(x-1)^2-4$

(2) $y=-x^2$ と同じ形で，頂点は $(1,\ 4)$ だから

$y=-(x-1)^2+4$ ⇨146,147

160 x 軸方向に 4, y 軸方向に 6 ⇨146,147

161 (1) 最大値 4 $(x=1)$, 最小値 -4 $(x=-1)$

(2) 最大値 5 $(x=2)$, 最小値 4 $(x=1,\ 3)$

⇨151

162 4 cm ⇨152

163 (1) $k>-9$ (2) $k=-9$

(3) $k<-9$ ⇨154

164 (1) $-\frac{1}{2}\leqq x\leqq 2$ (2) すべての実数

(3) 解なし ⇨155

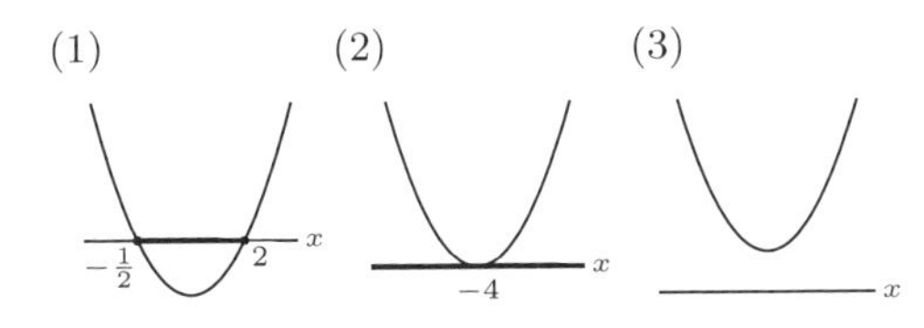

Step up

165 求める方程式を $y=a(x-p)^2$ とおくと

$1=a(-2-p)^2,\ 9=a(2-p)^2$

が成り立つ．a を消去して

$$9=\frac{(2-p)^2}{(-2-p)^2}$$

よって

$$\frac{2-p}{-2-p}=\pm 3 \qquad \therefore\quad p=-4,\ -1$$

それぞれに対応して　$a=\frac{1}{4},\ 1$

求める関数は　$y=\frac{1}{4}(x+4)^2,\ y=(x+1)^2$

166 (1) $x^2+2(m+1)x+m=0$ の判別式を D とすると　$D=4\left(m+\frac{1}{2}\right)^2+3>0$

よって，x 軸と 2 点で交わる．

(2) x 軸と 2 点で交わる x 座標は

$$x=\frac{-2(m+1)\pm\sqrt{D}}{2}$$

2 点間の距離 $l=\sqrt{D}$ となるから，D を最小にすればよい．よって，$m=-\frac{1}{2}$ のとき最小値をとる．

167 $f(x)=x^2+2mx+1$ とおく．

$f(x)=(x+m)^2-m^2+1$ より，軸は $x=-m$

$0<x<2$ に 2 つの解があるためには

$0<-m<2,\ f(-m)<0,\ f(0)>0,\ f(2)>0$

したがって

$-2<m<0,\ m^2-1>0,\ 5+4m>0$

$\therefore\quad -\frac{5}{4}<m<-1$

168 $x+y=4$ より

$$3x^2+2y^2=3x^2+2(4-x)^2=5\left(x-\frac{8}{5}\right)^2+\frac{96}{5}$$

また，$y=4-x\geqq 0$ より，$0\leqq x\leqq 4$ だから

$x=\frac{8}{5},\ y=\frac{12}{5}$ のとき，最小値 $\frac{96}{5}$

$x=4,\ y=0$ のとき，最大値 48

169 標準形は $y=(x-a)^2-2$

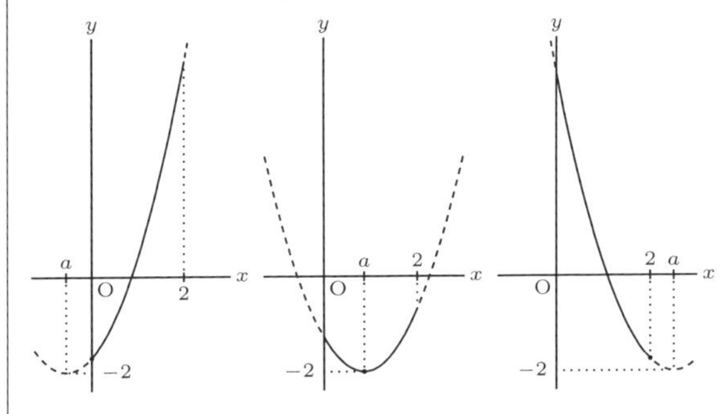

グラフより

$a<0$ のとき，最小値 a^2-2　$(x=0)$

$0\leqq a\leqq 2$ のとき，最小値 -2　$(x=a)$

$a>2$ のとき，最小値 a^2-4a+2　$(x=2)$

170 内接する長方形の縦の長さを x cm $(0<x<6)$ とすると，横の長さは $\sqrt{36-x^2}$

よって，長方形の面積は $S=x\sqrt{36-x^2}$

$S^2=x^2(36-x^2)$ を最大にする x を求める．

$X=x^2$ とおくと，X の変域は $0<X<36$ で

$$S^2 = X(36 - X) = -(X - 18)^2 + 18^2$$

したがって，$X = 18$ すなわち $x = 3\sqrt{2}$ のとき S^2 および S は最大となり，このとき，縦も横も $3\sqrt{2}$ cm となる．

$\therefore$ 1 辺が $3\sqrt{2}$ cm の正方形

2 いろいろな関数

Basic

171 (1) 偶関数　(2) どちらでもない

(3) 奇関数　(4) どちらでもない

(5) 偶関数　(6) どちらでもない

(7) 奇関数　(8) 偶関数　(9) 奇関数

172 (1)

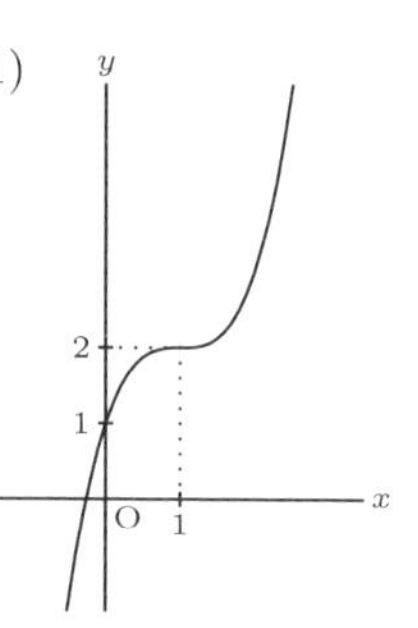

(2)

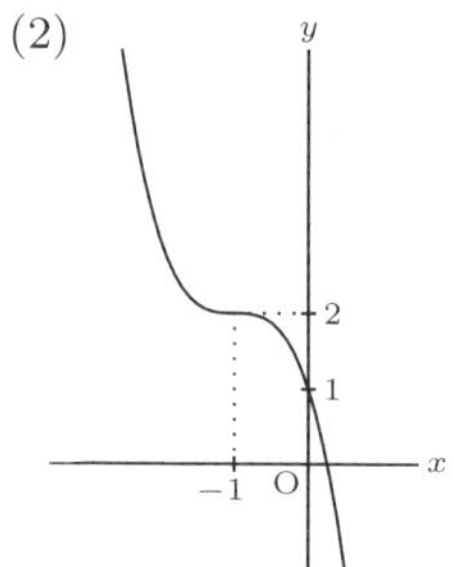

(3)

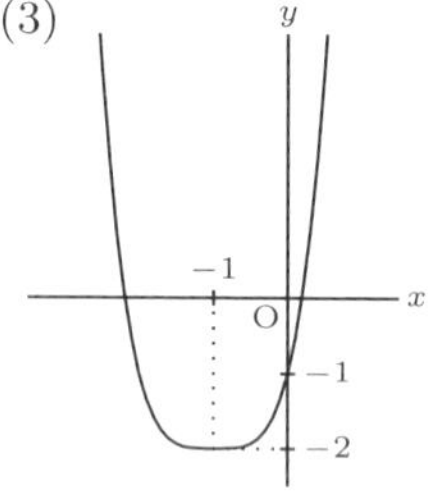

(4)

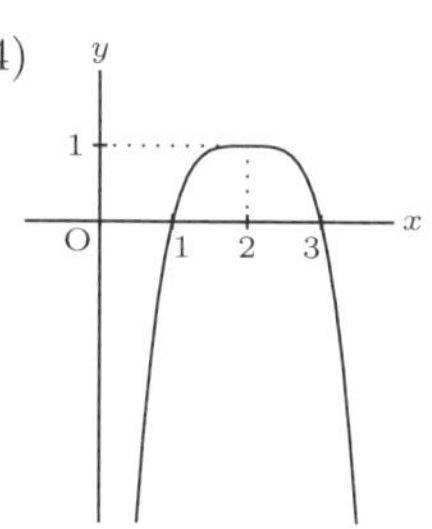

173 (1)

定義域　$x \neq 2$

値域　$y \neq 1$

漸近線

$x = 2,\ y = 1$

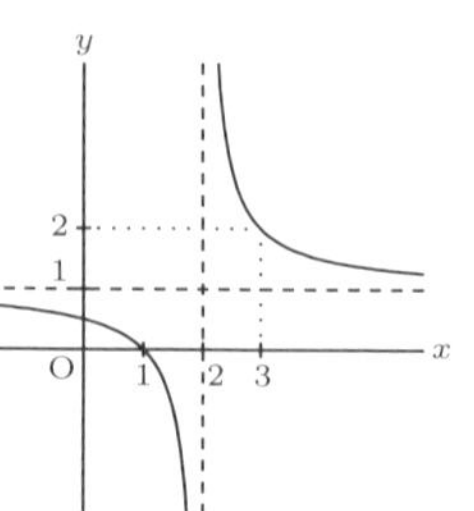

(2)

定義域　$x \neq -1$

値域　$y \neq -2$

漸近線

$x = -1,\ y = -2$

(3)

定義域　$x \neq 3$

値域　$y \neq 1$

漸近線

$x = 3,\ y = 1$

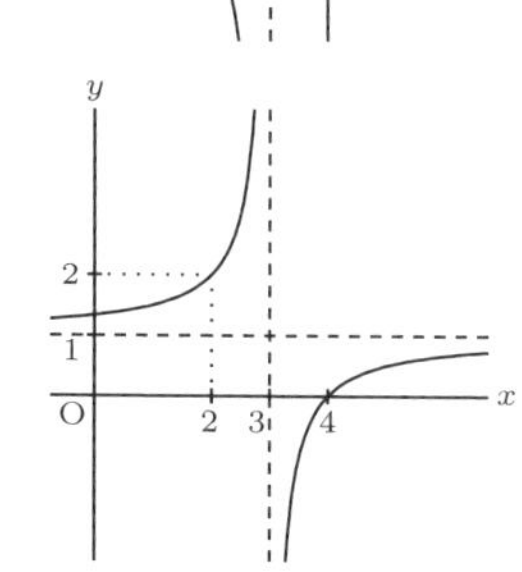

174 (1) $y = \dfrac{2}{x+1} + 1$

定義域　$x \neq -1$

値域　$y \neq 1$

漸近線

$x = -1,\ y = 1$

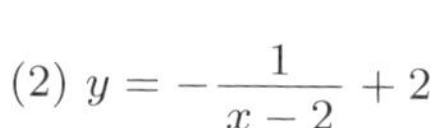

(2) $y = -\dfrac{1}{x-2} + 2$

定義域　$x \neq 2$

値域　$y \neq 2$

漸近線

$x = 2,\ y = 2$

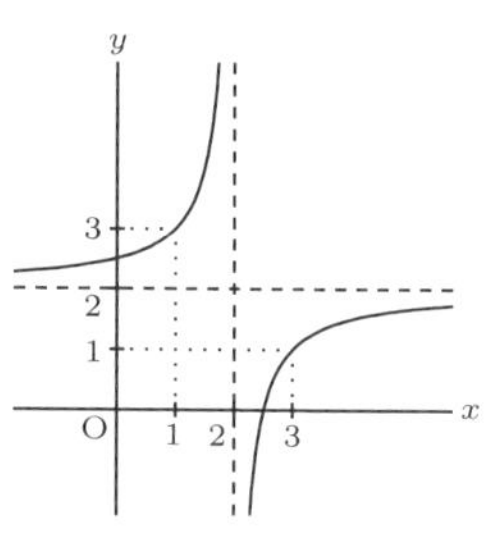

175 (1) $x \geqq 2$　(2) $x > -1$

(3) $-2 \leqq x \leqq 3$

176 (1) 定義域　$x \geqq 2$，値域　$y \geqq 0$

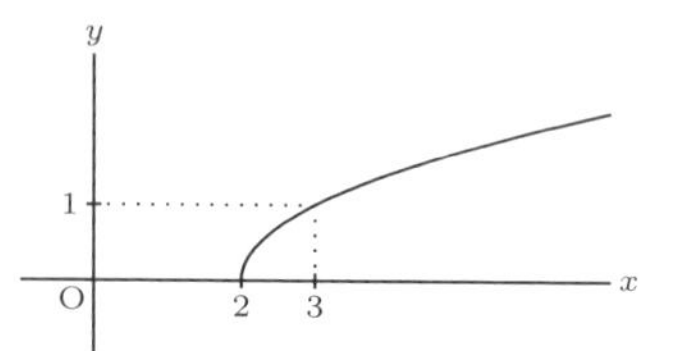

(2) 定義域　$x \geqq 0$，値域　$y \geqq -2$

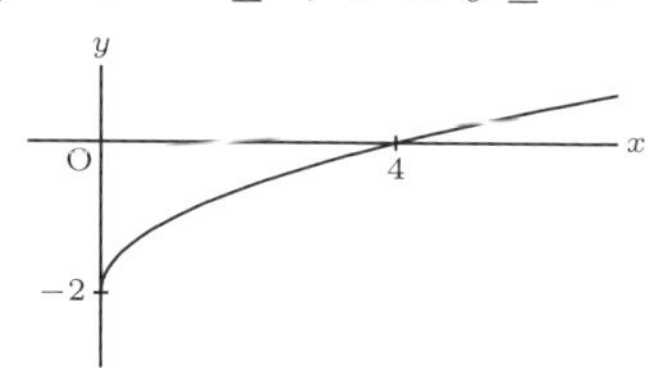

(3) 定義域 $x \geqq 2$, 値域 $y \geqq -2$

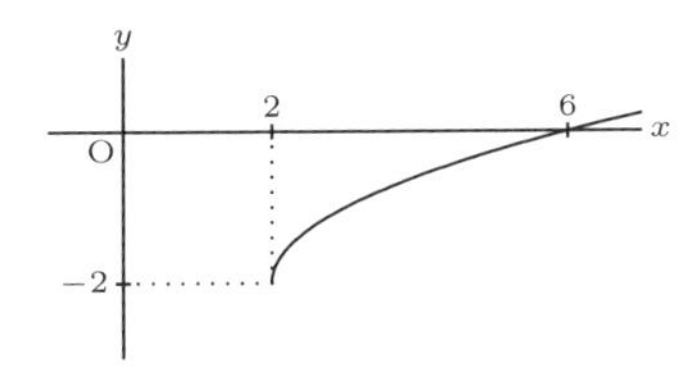

(4) 定義域 $x \geqq -1$, 値域 $y \geqq 2$

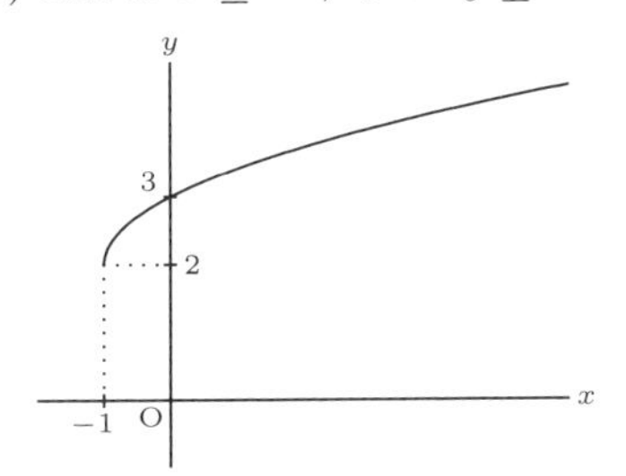

177 (1) $y = -x^3 - 3x^2$ (2) $y = -x^3 + 3x^2$

(3) $y = x^3 - 3x^2$

178

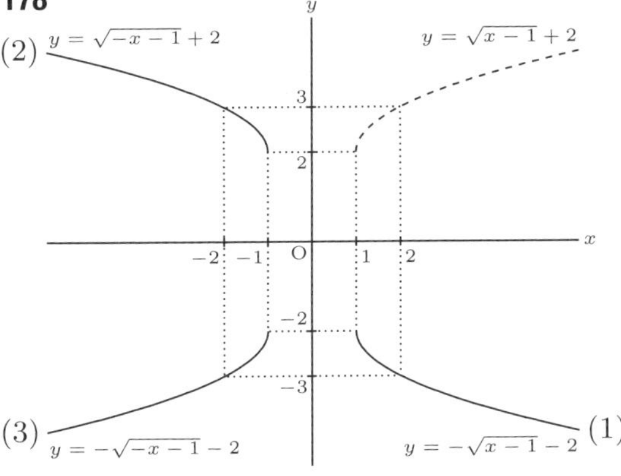

179 逆関数, 定義域, 値域の順

(1) $y = \dfrac{1}{x} + 2$, $x \neq 0$, $y \neq 2$

(2) $y = \sqrt{x+3}$, $x \geqq -3$, $y \geqq 0$

(3) $y = x^2$, $x \leqq 0$, $y \geqq 0$

(4) $y = -(x+1)^2 + 2$, $x \geqq -1$, $y \leqq 2$

Check

180 (1) 奇関数 (2) 偶関数 (3) 奇関数

(4) 偶関数 (5) 偶関数 (6) どちらでもない ⇨171

181 (1) 定義域 $x \neq 2$, 値域 $y \neq 3$

(2) 定義域 $x \geqq -3$, 値域 $y \leqq 4$ ⇨174,176

182 $y = \dfrac{2}{x-1} - 3$ ⇨173

183 $y = \sqrt{-(x+3)} + 2$ ⇨178

184 (1) (2)

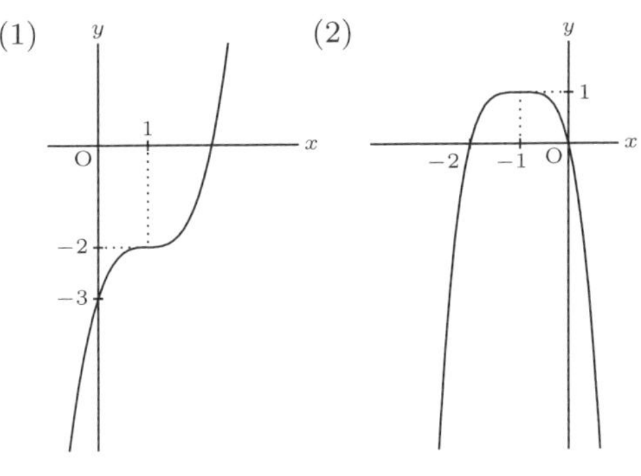

(3) (4)

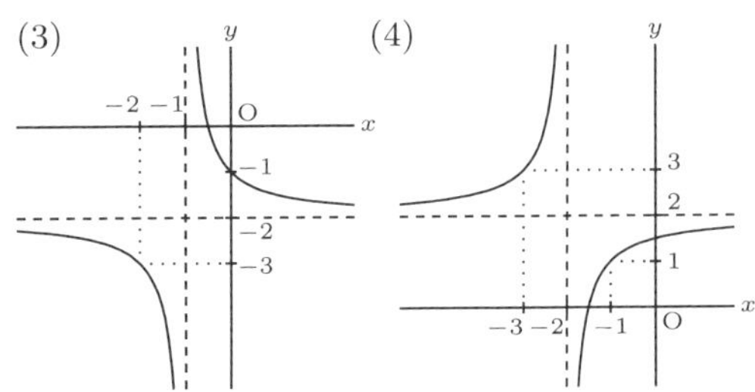

(5)

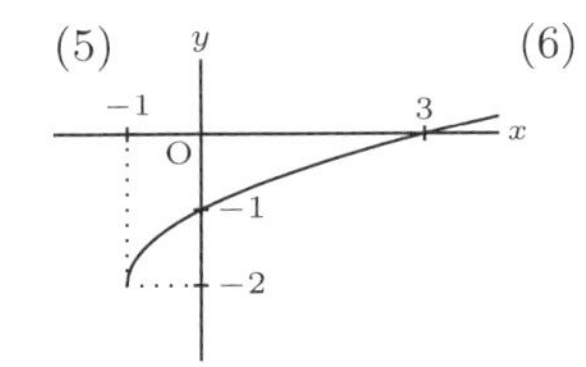

(6)

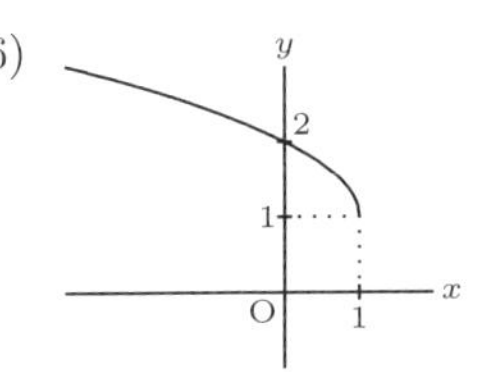

⇨172,173,174,176,178

185 $y = 3x^4 + 2x$ ⇨177

186 $y = -\sqrt{-x+1} + 1$ ⇨177

187 $y = \dfrac{3}{x} - 2$, 定義域 $x \neq 0$, 値域 $y \neq -2$ ⇨179

188 (1) $g(x) = -\sqrt{x} + 2$

(2) 直線 $y = x$ と $y = f(x)$ のグラフとの交点を考えよ. $(1,\ 1)$ ⇨179

Step up

189 (1) $y=\dfrac{1}{x-1}+\dfrac{3}{2}$　(2) $y=\dfrac{-\frac{3}{2}}{x+\frac{3}{2}}+1$

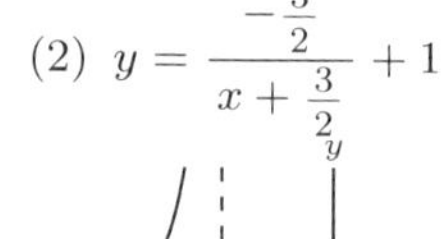

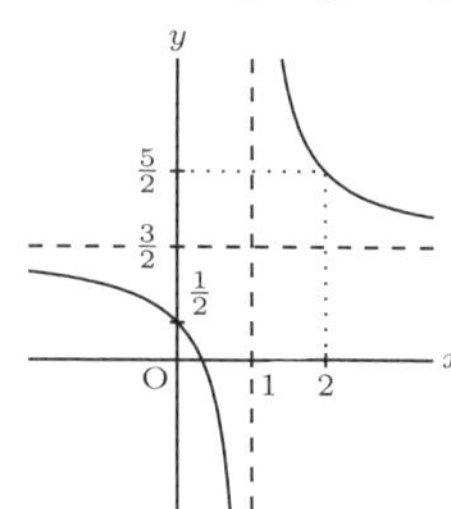

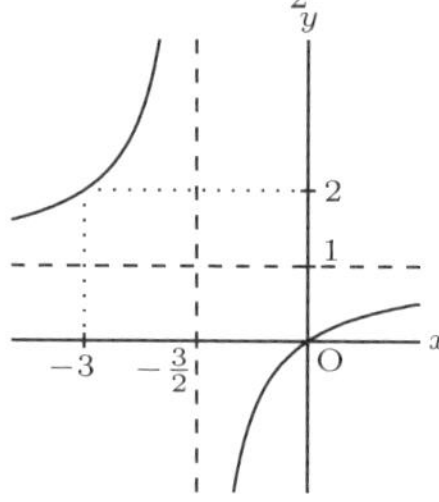

190 (1) $y=\sqrt{-3x}$　(2) $y=\sqrt{-3(x-2)}$

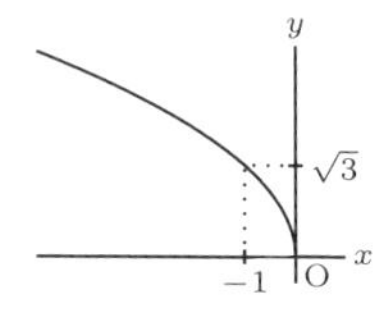

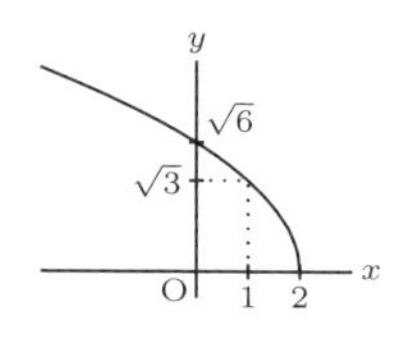

191 $y=\dfrac{-\frac{3}{2}}{x-\frac{3}{2}}+2$ より，

グラフは図の通りである．

$\therefore$　$y \leqq 1,\ y \geqq \dfrac{13}{5}$

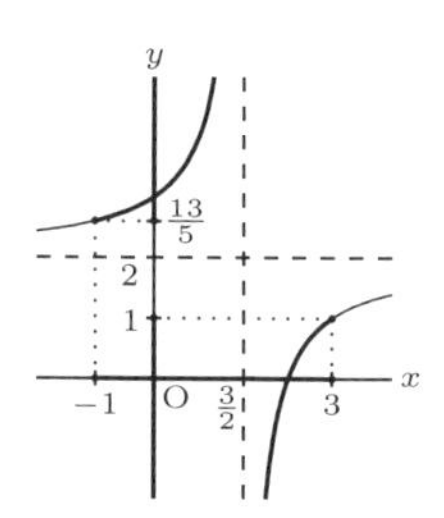

192 $y=\sqrt{-3\left(x-\dfrac{a}{3}\right)}$

グラフは図のようになる．

$x=-7$ のとき $y=5$ と

なるから　$a=4$

また，$x=b$ のとき $y=1$ より　$b=1$

193 $y=\dfrac{A}{x-\frac{2}{3}}+2=\dfrac{6x+3A-4}{3x-2}$

$(1,\ 1)$ を代入して $1=3A+2$　$\therefore$　$A=-\dfrac{1}{3}$

$y=\dfrac{6x-5}{3x-2}$ から　$a=6,\ b=-5,\ c=-2$

194 (1) $y=\dfrac{a}{x+2}+q$ とおく．

与えられた2点の座標を代入すると

$4=\dfrac{a}{4}+q,\ 7=a+q$

この連立方程式を解いて　$a=4,\ q=3$

$\therefore$　$y=\dfrac{4}{x+2}+3$

(2) $y=\dfrac{a}{x-p}+2$ とおく．

(1) と同様にして　$a=4,\ p=3$

$\therefore$　$y=\dfrac{4}{x-3}+2$

(3) $y=\dfrac{3}{x-p}+q$ とおく．

(1) と同様にして　$(p,\ q)=(-5,\ 7),\ (-1,\ 11)$

$\therefore$　$y=\dfrac{3}{x+5}+7,\ y=\dfrac{3}{x+1}+11$

195 $y=\dfrac{1}{x+\frac{k}{3}}+2(k+1)$

2つの漸近線は直線 $y=x$

に関して対称だから

$-\dfrac{k}{3}=2(k+1)$ より

$k=-\dfrac{6}{7}$

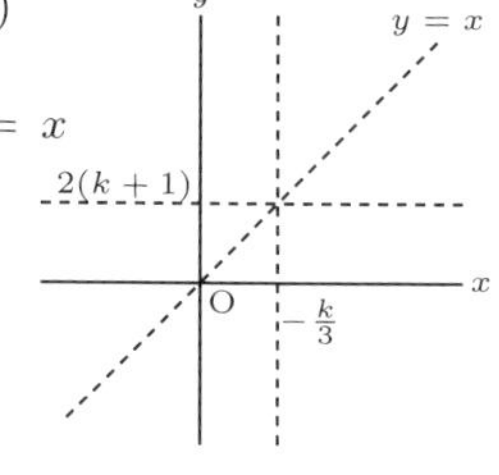

196 $g(2)=4 \iff f(4)=2$ だから

$f(1)=\dfrac{a+2}{2-b}=5,\ f(4)=\dfrac{4a+2}{8-b}=2$ より

$a=3,\ b=1$

197 図のように，点 $(-1,\ 0)$ を通る直線と接する直線の間にある直線の切片を考えればよい．

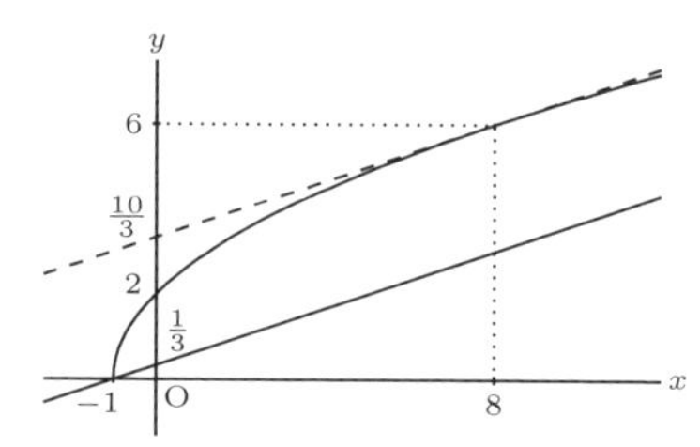

点 $(-1,\ 0)$ を通るとき　$k=\dfrac{1}{3}$

また，$2\sqrt{x+1}=\dfrac{1}{3}x+k$ より

$x^2+6(k-6)x+9(k^2-4)=0$

$D=36(-12k+40)=0$ より　$k=\dfrac{10}{3}$

したがって　$\dfrac{1}{3} \leqq k < \dfrac{10}{3}$

198 接する場合の k を求めると

$\dfrac{1}{x}=-\dfrac{1}{4}x+k$

$x^2-4kx+4=0$

$D=0$ より　$k=\pm 1$

したがって，図より

$-1<k<1$

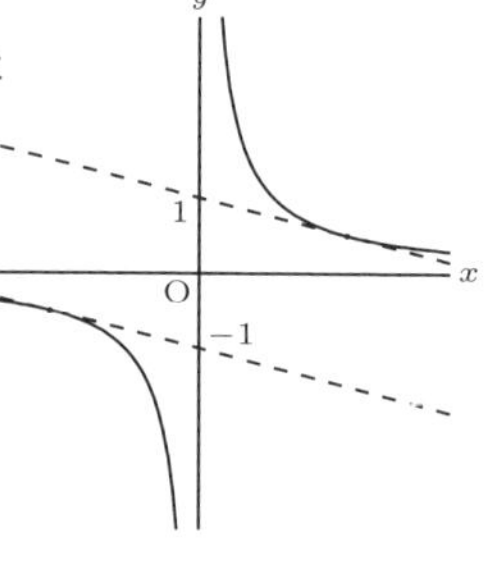

Plus

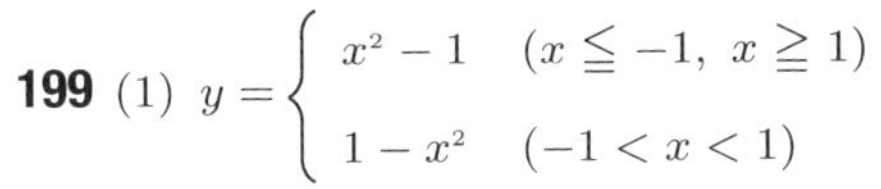

199 (1) $y=\begin{cases} x^2-1 & (x \leqq -1,\ x \geqq 1) \\ 1-x^2 & (-1<x<1) \end{cases}$

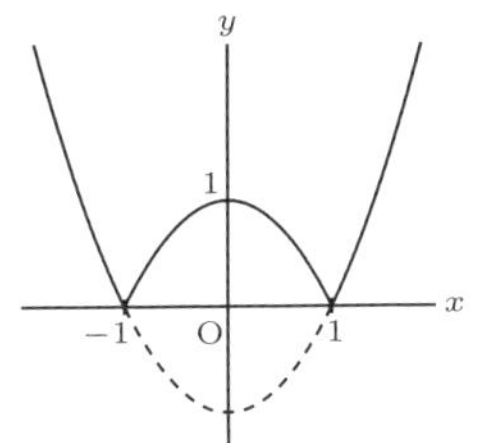

(2) $y=\begin{cases} x^2-2x+1=(x-1)^2 & (x \geqq 0) \\ x^2+2x+1=(x+1)^2 & (x<0) \end{cases}$

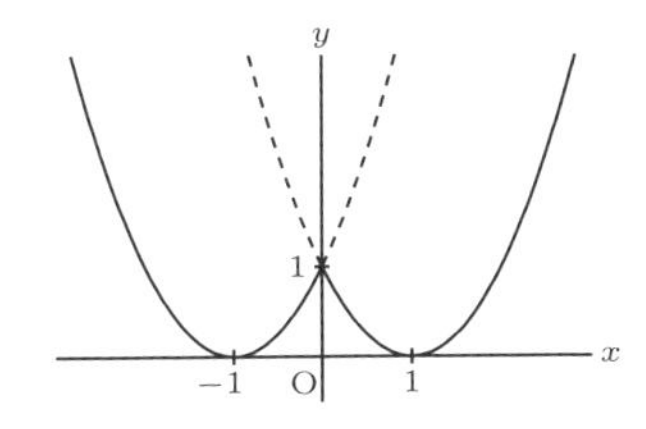

200 (1) $y_1=x,\ y_2=-\dfrac{1}{x}$ とし，$y=y_1+y_2$ とする.

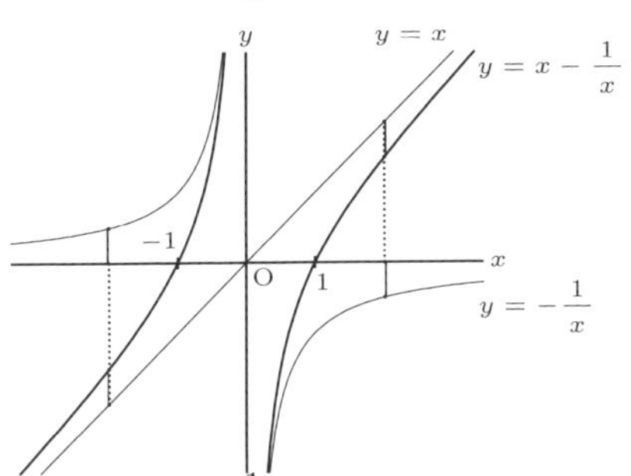

(2) $y_1=x,\ y_2=\dfrac{1}{x^2}$ とし，$y=y_1+y_2$ とする.

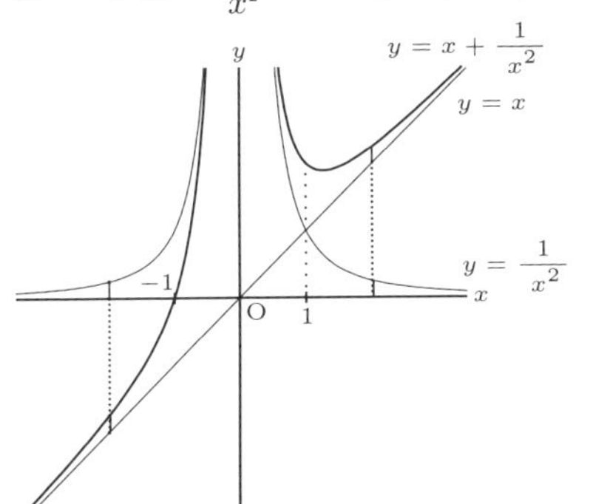

4章 指数関数と対数関数

1 指数関数

Basic

201 (1) $\sqrt[3]{6}$　(2) $\pm\sqrt[4]{10}$　(3) $\sqrt[5]{-12}$

202 (1) 8　(2) 5　(3) 3　(4) 2

203 (1) 9　(2) $\dfrac{16}{5}$　(3) a^3b^4　(4) $\dfrac{3a^8}{b^{10}}$

204 (1) $a^{\frac{5}{2}}$　(2) $a^{-\frac{3}{7}}$　(3) $\sqrt[5]{a^2}$　(4) $\dfrac{1}{\sqrt{a}}$

205 (1) $a^{-\frac{2}{3}}=\dfrac{1}{\sqrt[3]{a^2}}$　(2) $a^{\frac{3}{4}}=\sqrt[4]{a^3}$

(3) $a^{1.6}=a\sqrt[5]{a^3}$

206 (1) $a^{\frac{2}{4}+\frac{3}{5}}=a^{\frac{11}{10}}=a\sqrt[10]{a}$

(2) $a^{1+\frac{1}{4}-\frac{1}{2}}=a^{\frac{3}{4}}=\sqrt[4]{a^3}$

(3) $a^{\frac{1}{6}\times\frac{1}{3}}=a^{\frac{1}{18}}=\sqrt[18]{a}$

207 (1)(2)　(3)

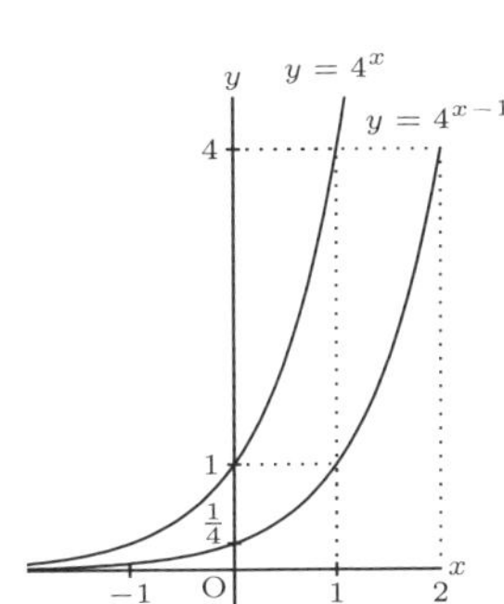

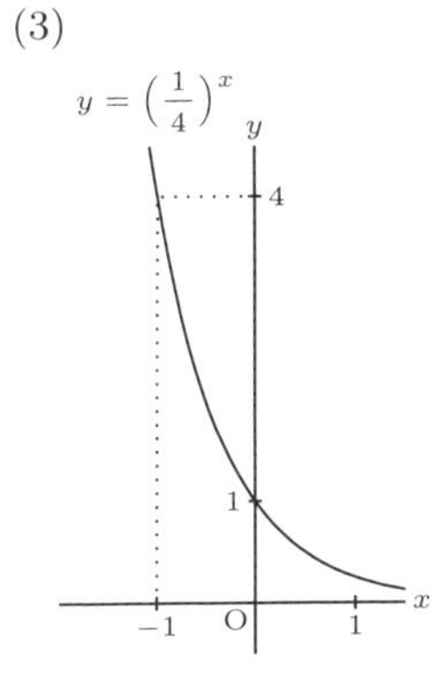

208 （以下，破線がもとの関数で実線が解答）

(1) $y=4^x$ のグラフを x 軸に関して対称移動

(2) $y=4^x$ のグラフを原点に関して対称移動

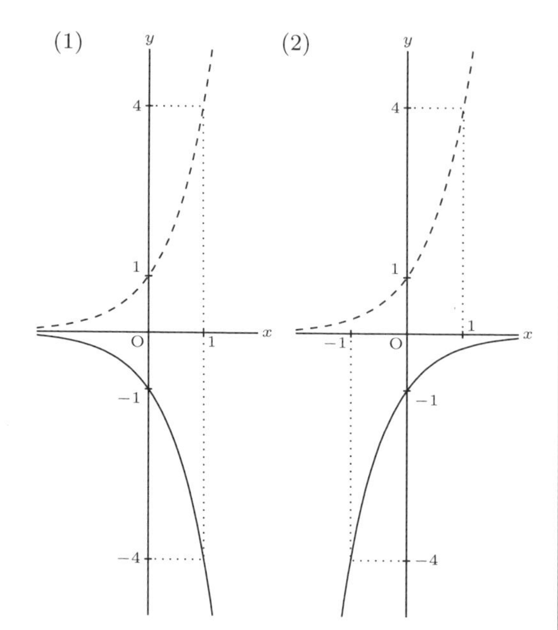

209 (1) $x=\dfrac{2}{3}$　(2) $x=-\dfrac{3}{2}$　(3) $x=2$

210 (1) $x>\dfrac{4}{3}$　(2) $x>-1$

Check

211 (1) 6　(2) 10
(3) 12　(4) $\dfrac{1}{3}$　⇨201,202

212 (1) $a^{\frac{4}{3}}$　(2) $a^{\frac{1}{3}}$
(3) $a^{-\frac{11}{4}}$　(4) $a^{\frac{59}{30}}$　⇨204

213 (1) $\sqrt[6]{a^5}$　(2) $\dfrac{1}{\sqrt[4]{a}}$　⇨205

214 (1) $2a$　(2) $a+\dfrac{1}{a}+2$
(3) $a^{\frac{1}{3}}=\sqrt[3]{a}$　(4) 1　⇨203,206

215 (1) y 軸方向に 1 平行移動
(2) 原点に関して対称移動　⇨207,208

216 (1) $x=3$　(2) $x=-2,\ 1$　⇨209

217 (1) $x<-\dfrac{1}{6}$　(2) $x>-\dfrac{5}{3}$　⇨210

Step up

218 (1) $\dfrac{1}{\sqrt[3]{9}}$, 1, $\sqrt[5]{81}$, $3\sqrt[4]{3}$
(2) $(\sqrt[3]{0.7})^4$, $\sqrt[5]{0.7}$, $\dfrac{1}{\sqrt[4]{0.7}}$, $\dfrac{1}{0.49}$

219 (1) $x<\dfrac{2}{5}$
(2) $a>1$ のとき $x>-\dfrac{4}{7}$
$0<a<1$ のとき $x<-\dfrac{4}{7}$

220 (1) $X=2^x$ とおくと $X>0$
$8X^2-17X+2>0$
X について解き，$X>0$ と連立させると
$0<X<\dfrac{1}{8}$, $X>2$　$\therefore\ x<-3,\ x>1$
(2) $X=3^x$ とおくと $X>0$
$X^2-8X-9<0$
X について解き，$X>0$ と連立させると
$0<X<9$　$\therefore\ x<2$

221 110

222 $(a^x+a^{-x})^2=a^{2x}+2+a^{-2x}=\dfrac{49}{6}$ より
$a^x+a^{-x}=\dfrac{7}{\sqrt{6}}$
$\dfrac{a^{4x}-a^{-4x}}{a^x-a^{-x}}=(a^x+a^{-x})(a^{2x}+a^{-2x})=\dfrac{259\sqrt{6}}{36}$

別解 $a^{2x}=(a^x)^2=6$ より　$a^x=\sqrt{6}$
これを与式に代入せよ.

223 (1) 最大値 32 $(x=2)$, 最小値 -4 $(x=1)$
(2) 最大値 $\dfrac{28}{9}$ $(x=-1)$, 最小値 0 $(x=0)$

224 (1) $4^x+4^{-x}=(2^x+2^{-x})^2-2=t^2-2$ より
$f(x)=(t^2-2)-2t+1=t^2-2t-1$
(2) 相加平均と相乗平均の関係から
$t=2^x+2^{-x}\geqq 2\sqrt{2^x\cdot 2^{-x}}=2$
(3) $f(x)=t^2-2t-1=(t-1)^2-2$
$t\geqq 2$ より，$t=2$ すなわち $2^x=2^{-x}$ のとき
最小となる.　最小値 -1 $(x=0)$

2 対数関数

Basic

225 (1) 2　(2) -3　(3) 3
(4) 0　(5) -2　(6) $\dfrac{3}{5}$

226 (1) 6　(2) 2　(3) -1　(4) $\dfrac{5}{2}$

227 左辺 $= \log_a M^{-\frac{1}{n}} =$ 右辺

228 (1) 左辺 $= \log_a \dfrac{A}{B} \cdot \dfrac{B}{C} \cdot \dfrac{C}{A} = \log_a 1 =$ 右辺

(2) $\dfrac{1}{2}$

229 $\dfrac{1}{3}$

230 1

231 (1) $\dfrac{9}{2}$　(2) $\dfrac{15}{2}$

232 (1)(2)

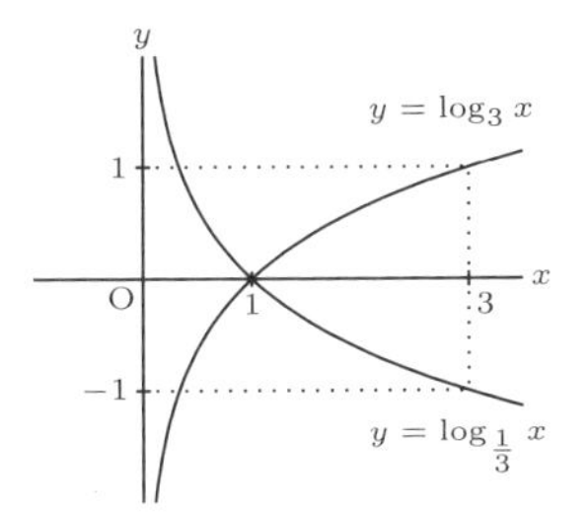

(3)

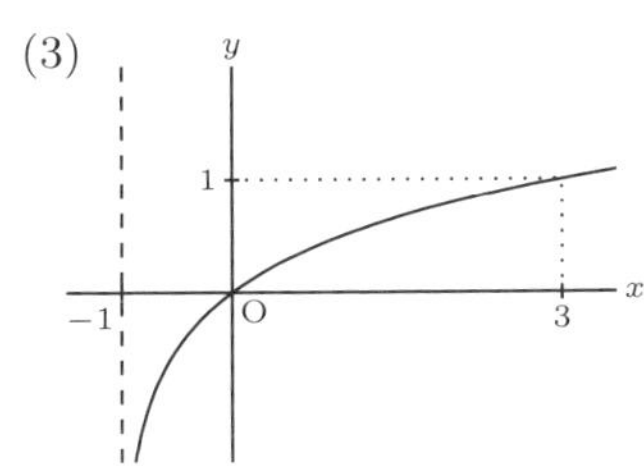

(4)

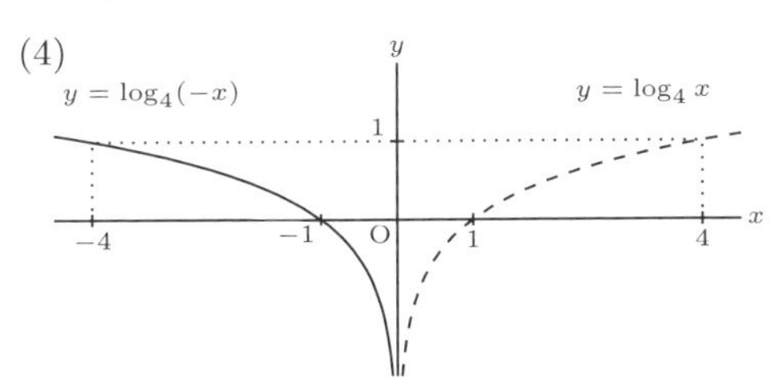

233 (1) $-2 \leqq y < \dfrac{4}{3}$　(2) $0 < y < 2$

234 (1) $\log_7 0.9 < \log_7 4 < \log_7 3\sqrt{2}$

(2) $\log_{\frac{1}{5}} \dfrac{3}{7} < \log_{\frac{1}{5}} \dfrac{1}{4} < \log_{\frac{1}{5}} 0.2$

235 (1) $x = 5$　(2) $x = 3$

236 (1) $x > 5$　(2) $1 < x < \dfrac{10}{9}$

237 (1) 0.9030　(2) 1.2552　(3) 4.755

238 (1) $n = 13$　(2) $n = 23$

239 18 時間後

Check

240 (1) $x = 64$　(2) $x = 3$

(3) $x = 100$　(4) $x = \dfrac{1}{125}$　⇨225

241 (1) 4　(2) 1　(3) 4

(4) $\dfrac{5}{6}$　(5) -2　(6) 3

⇨226,228,231

242 (1) x 軸方向に 1, y 軸方向に 2 平行移動

(2) 原点に関して対称移動　⇨232

243 (1) $x = 9$　(2) $x = 18$

(3) $x = 1,\ 4$　⇨235

244 (1) $\dfrac{1}{3} < x < 3$　(2) $x > 8$　⇨236

245 (1) $2a + b$　(2) $b - 1$

(3) $\dfrac{a+b}{b}$　(4) $\dfrac{1-a+b}{3a}$

⇨237

246 $n = 30$　⇨238

247 23 年後　⇨239

Step up

248 (1) $x = \dfrac{1}{81},\ 9$

(2) 真数条件より $x > -1$

方程式を変形して

$$\log_{\frac{1}{2}}(x+1) = \log_{\frac{1}{2}} \left(\frac{1}{2}\right)^2 (x+2)^2$$

$$\therefore\ x + 1 = \left(\frac{1}{2}\right)^2 (x+2)^2$$

これを解いて　$x = 0$

これは真数条件を満たすから　$x = 0$

249 (1) $\dfrac{1}{2} < x < \dfrac{2}{3}$

(2) 真数条件より

$x > 0$ かつ $x + 1 > 0$　$\therefore\ x > 0$

不等式を変形して

$$\log_{\frac{1}{2}} x > \log_{\frac{1}{2}} \frac{1}{4}(x+1)$$

関数 $y=\log_{\frac{1}{2}}x$ は単調に減少するから

$x<\frac{1}{4}(x+1)$　$\therefore\ x<\frac{1}{3}$

真数条件と連立させて　$0<x<\frac{1}{3}$

(3) 真数条件より

$x>0$ かつ $x^3>0$　$\therefore\ x>0$

$t=\log_{\frac{1}{2}}x$ とおくと

$t^2>3t$　$\therefore\ t<0,\ t>3$

これより　$x>1,\ x<\frac{1}{8}$

真数条件と連立させて　$0<x<\frac{1}{8},\ x>1$

250 (1) 底の変換公式を用いて

$\log_8 4x=\frac{\log_2 4x}{\log_2 8}=\frac{\log_2 x+2}{3}$

と変形せよ.　$x=\frac{1}{16},\ 4$

(2) 真数条件より　$x\fallingdotseq 1$ かつ $-3x+5>0$

$\therefore\ x<\frac{5}{3},\ x\fallingdotseq 1$

底の変換公式より　右辺 $=3\cdot\frac{\log_2(-3x+5)}{\log_2 8}$

よって　$\log_2 2(x-1)^2=\log_2(-3x+5)$

$\therefore\ 2(x-1)^2=-3x+5$

これを解いて　$x=-1,\ \frac{3}{2}$

これらは真数条件を満たすから $x=-1,\ \frac{3}{2}$

(3) 真数と底の条件より　$x>0,\ x\fallingdotseq 1$

底の変換公式より　$\log_2 x+\frac{3}{\log_2 x}=4$

よって　$(\log_2 x)^2-4\log_2 x+3=0$

これを解いて　$x=2,\ 8$

これらは真数条件を満たすから　$x=2,\ 8$

(4) 真数条件より　$2-x>0$ かつ $x+2>0$

$\therefore -2<x<2$

底の変換公式より

$2\log_2(2-x)-\log_2(x+2)=\log_2 4$

よって　$(2-x)^2=4(x+2)$

これを解いて　$x=4\pm 2\sqrt{5}$

真数条件より　$x=4-2\sqrt{5}$

251 (1) 13 桁

(2) $\log_{10}6^{100}=100\log_{10}6$

$=100(\log_{10}2+\log_{10}3)=77.81$

$77<\log_{10}6^{100}<78$ より　78 桁

252 (1) 各辺の常用対数をとると

$\log_{10}2^n<\log_{10}3^{14}<\log_{10}2^{n+1}$

$\therefore\ n\log_{10}2<14\log_{10}3<(n+1)\log_{10}2$

これを解いて　$21.2<n<22.2$

したがって　$n=22$

(2) 各辺の常用対数をとると

$\log_{10}10^{-5}<\log_{10}\left(\frac{7}{10}\right)^n<\log_{10}10^{-4}$

$\therefore\ -5<n(\log_{10}7-1)<-4$

これを解いて　$25.8<n<32.3$

したがって　$n=26,\ 27,\ \cdots,\ 32$　7 個

Plus 

253 記憶できる情報量を x とすると　$x=2^{8\times 2\times 1024}$

$\log_{10}x=8\times 2\times 1024\log_{10}2=4931.584$

$0.5843=\log_{10}3.84$ より　$10^{0.584}\fallingdotseq 3.8$

よって　$x=10^{4931.584}\fallingdotseq 3.8\times 10^{4931}$

254 1 等星, 6 等星の明るさを $I_1,\ I_6$ とすると

$c-2.5\log_{10}I_1=1$

$c-2.5\log_{10}I_6=6$

辺々引いて計算すると　$2.5\log_{10}\frac{I_1}{I_6}=5$

すなわち　$\log_{10}\frac{I_1}{I_6}=2$　よって　100 倍

5章 三角関数

1 三角比とその応用

Basic

255 (1) $\sin\alpha=\frac{1}{\sqrt{5}}\left(=\frac{\sqrt{5}}{5}\right)$

$\cos\alpha=\frac{2}{\sqrt{5}}\left(=\frac{2\sqrt{5}}{5}\right),\ \tan\alpha=\frac{1}{2}$

(2) $\sin\alpha = \dfrac{\sqrt{3}}{\sqrt{7}}\left(= \dfrac{\sqrt{21}}{7}\right)$

$\cos\alpha = \dfrac{2}{\sqrt{7}}\left(= \dfrac{2\sqrt{7}}{7}\right)$, $\tan\alpha = \dfrac{\sqrt{3}}{2}$

(3) $\sin\alpha = \dfrac{5}{13}$, $\cos\alpha = \dfrac{12}{13}$, $\tan\alpha = \dfrac{5}{12}$

256 (1) $\dfrac{1}{2}$ (2) $\dfrac{\sqrt{3}}{2}$ (3) $2-\sqrt{3}$

257 (1) 0.1045 (2) 0.8387 (3) 9.5144

258 1569 m

259 (1) $\cos 9^\circ$ (2) $\sin 34^\circ$ (3) $\dfrac{1}{\tan 13^\circ}$

260 (1) -1 (2) $2+\sqrt{3}$ (3) $-\dfrac{3\sqrt{3}}{4}$

261 (1) 0.9848 (2) -0.9976 (3) -2.6051

262 (1) $\cos\alpha = \dfrac{\sqrt{15}}{4}$, $\tan\alpha = \dfrac{1}{\sqrt{15}}\left(= \dfrac{\sqrt{15}}{15}\right)$

(2) $\cos\alpha = -\dfrac{\sqrt{15}}{4}$

$\tan\alpha = -\dfrac{1}{\sqrt{15}}\left(= -\dfrac{\sqrt{15}}{15}\right)$

(3) $\sin\alpha = \dfrac{\sqrt{11}}{6}$, $\tan\alpha = -\dfrac{\sqrt{11}}{5}$

263 (1) $\sin\alpha = \dfrac{1}{\sqrt{10}}\left(= \dfrac{\sqrt{10}}{10}\right)$

$\cos\alpha = \dfrac{3}{\sqrt{10}}\left(= \dfrac{3\sqrt{10}}{10}\right)$

(2) $\sin\alpha = \dfrac{2}{\sqrt{5}}\left(= \dfrac{2\sqrt{5}}{5}\right)$

$\cos\alpha = -\dfrac{1}{\sqrt{5}}\left(= -\dfrac{\sqrt{5}}{5}\right)$

264 (1) $2\sqrt{2}$ (2) $\dfrac{\sqrt{6}}{4}$ (3) $5\sqrt{2}$

265 $\dfrac{a}{\sqrt{3}}$

266 (1) $\sqrt{7}$ (2) $\sqrt{15}$ (3) 7

267 $\cos A = \dfrac{37}{40}$, $\cos B = \dfrac{13}{20}$, $\cos C = -\dfrac{5}{16}$

268 (1) $\dfrac{35}{2\sqrt{2}}\left(= \dfrac{35\sqrt{2}}{4}\right)$ (2) $\dfrac{3}{2}$

269 $\dfrac{36}{7}$

270 (1) $-\dfrac{1}{3}$ (2) $\dfrac{2\sqrt{2}}{3}$ (3) $10\sqrt{2}$

271 (1) $10\sqrt{3}$ (2) $\dfrac{3\sqrt{15}}{4}$

Check

272 (1) $\sin\alpha = \dfrac{\sqrt{7}}{3}$, $\cos\alpha = \dfrac{\sqrt{2}}{3}$

$\tan\alpha = \dfrac{\sqrt{7}}{\sqrt{2}}\left(= \dfrac{\sqrt{14}}{2}\right)$

(2) $\sin\alpha = \dfrac{\sqrt{5}}{\sqrt{6}}\left(= \dfrac{\sqrt{30}}{6}\right)$

$\cos\alpha = \dfrac{1}{\sqrt{6}}\left(= \dfrac{\sqrt{6}}{6}\right)$

$\tan\alpha = \sqrt{5}$ ⇒255

273 (1) 2 (2) $2-\sqrt{3}$ ⇒255

274 456 m ⇒258

275 (1) $\dfrac{1-\sqrt{2}}{2}$ (2) $-\dfrac{3+2\sqrt{3}}{3}$ ⇒260

276 $\sin\alpha = \dfrac{\sqrt{21}}{5}$, $\tan\alpha = -\dfrac{\sqrt{21}}{2}$ ⇒262

277 $\sin\alpha = \dfrac{3}{\sqrt{10}}\left(= \dfrac{3\sqrt{10}}{10}\right)$

$\cos\alpha = -\dfrac{1}{\sqrt{10}}\left(= -\dfrac{\sqrt{10}}{10}\right)$ ⇒263

278 (1) $R=\sqrt{3}$, $c=\sqrt{3}$

(2) $c=7$, $S=\dfrac{15\sqrt{3}}{4}$

(3) $\cos B = -\dfrac{1}{7}$, $\sin B = \dfrac{4\sqrt{3}}{7}$, $S = 6\sqrt{3}$

⇒264,266,267,268,270

Step up

279 $a = b\cos C + c\cos B$ ①

$b = c\cos A + a\cos C$ ②

$c = a\cos B + b\cos A$ ③

①$\times a -$ ②$\times b -$ ③$\times c$ を計算せよ.

280 (1) AH$=5\sqrt{2}$ より

$\tan\alpha = \dfrac{9}{5\sqrt{2}} = 1.2728$ $\therefore\ \alpha \fallingdotseq 52^\circ$

(2) $\tan\beta = \dfrac{9}{5} = 1.8$ $\therefore\ \beta \fallingdotseq 61^\circ$

(3) OM$=\sqrt{5^2+9^2}=\sqrt{106}$ より

$\tan\dfrac{\gamma}{2} = \dfrac{5}{\sqrt{106}} = 0.4856$

よって $\dfrac{\gamma}{2} \fallingdotseq 26^\circ$ $\therefore\ \gamma \fallingdotseq 52^\circ$

281 正弦定理より $\dfrac{c}{\sin C}=2R$

$\therefore\ \sin C=\dfrac{c}{2R}$

よって　$S=\dfrac{1}{2}ab\sin C=\dfrac{abc}{4R}$

再び，正弦定理より $a=2R\sin A,\ b=2R\sin B$

よって

$$\begin{aligned}S&=\frac{1}{2}ab\sin C\\&=\frac{1}{2}\cdot 2R\sin A\cdot 2R\sin B\cdot\sin C\\&=2R^2\sin A\sin B\sin C\end{aligned}$$

282 (1) $42\sqrt{3}$

(2) 三角形に分けて，ヘロンの公式を用いよ．

$6(\sqrt{5}+\sqrt{3})$

283 正弦定理より $\sin B=\dfrac{b}{2R}$

余弦定理より $\cos C=\dfrac{a^2+b^2-c^2}{2ab}$

$$\begin{aligned}左辺&=\frac{b}{2R}\left(b-a\cdot\frac{a^2+b^2-c^2}{2ab}\right)\\&=\frac{b^2+c^2-a^2}{4R}\end{aligned}$$

右辺も同様に計算せよ．

284 (1) 正弦定理と余弦定理より

$$\frac{a}{2R}=2\cdot\frac{c^2+a^2-b^2}{2ca}\cdot\frac{c}{2R}$$

変形して　$b^2=c^2$

よって　$b=c$ の二等辺三角形

(2) 与式より　$a\tan B=b\tan A$

$\therefore\ a\sin B\cos A=b\sin A\cos B$

正弦定理より $a\sin B=b\sin A$ だから

$\cos A=\cos B$　$\therefore\ A=B$

よって　$a=b$ の二等辺三角形

2 三角関数

Basic

285

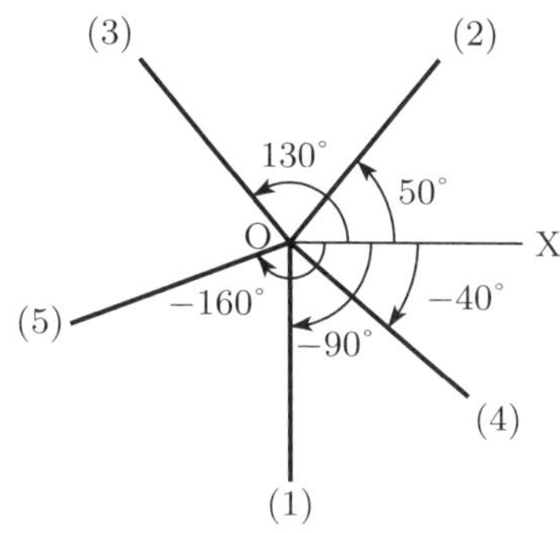

(1) $630^\circ=270^\circ+360^\circ=-90^\circ+360^\circ\times 2$

(2) $-310^\circ=50^\circ+360^\circ\times(-1)$

(3) $490^\circ=130^\circ+360^\circ$

(4) $-1120^\circ=-40^\circ+360^\circ\times(-3)$

(5) $2000^\circ=200^\circ+360^\circ\times 5=-160^\circ+360^\circ\times 6$

286 (1) 第 3 象限　(2) 第 1 象限　(3) 第 4 象限

(4) 第 2 象限　(5) 第 1 象限

287 (1) $-\dfrac{1}{2}$　(2) $-\dfrac{\sqrt{3}}{2}$　(3) $\dfrac{1}{\sqrt{3}}$

(4) -1　(5) $-\dfrac{1}{\sqrt{2}}$　(6) $\sqrt{3}$

288 (1) $\dfrac{3}{4}\pi$　(2) $\dfrac{\pi}{5}$　(3) $-\dfrac{\pi}{18}$

(4) $\dfrac{4}{3}\pi$　(5) $-\dfrac{19}{18}\pi$

289 (1) 60°　(2) 225°　(3) -72°

(4) 420°　(5) -20°

290 (1) $-\dfrac{\sqrt{3}}{2}$　(2) $-\dfrac{1}{\sqrt{2}}$　(3) $\dfrac{1}{\sqrt{3}}$

291 (1) 弧の長さ $\dfrac{2}{3}\pi$，面積 $\dfrac{4}{3}\pi$

(2) 中心角 $\dfrac{2}{3}\pi$，面積 3π

292 (1) $\tan\theta=\dfrac{\sin\theta}{\cos\theta}$，$\dfrac{1}{\tan\theta}=\dfrac{\cos\theta}{\sin\theta}$ として，左辺を通分せよ．

(2) 左辺を通分せよ．また，$1-\cos^2\theta=\sin^2\theta$ を用いよ．

293 (1) $\cos\theta=-\dfrac{3}{5}$，$\tan\theta=\dfrac{4}{3}$

(2) $\sin\theta = -\dfrac{2\sqrt{2}}{3}$, $\tan\theta = -2\sqrt{2}$

(3) $\cos\theta = -\dfrac{1}{\sqrt{10}}$, $\sin\theta = -\dfrac{3}{\sqrt{10}}$

294 (1) 1　(2) 0　(3) $2\sin\theta$

295 (1) 周期 2π

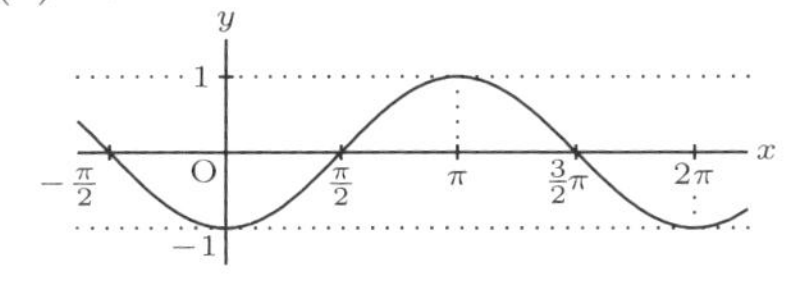

(2) 周期 2π

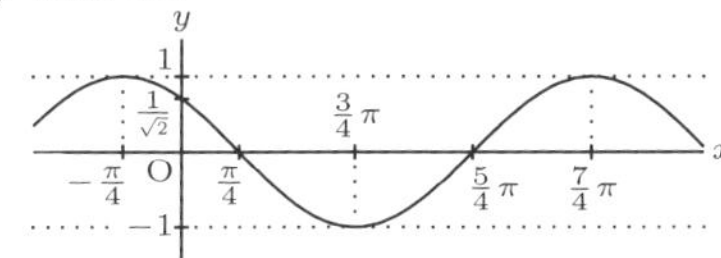

296 (1) 周期 2π

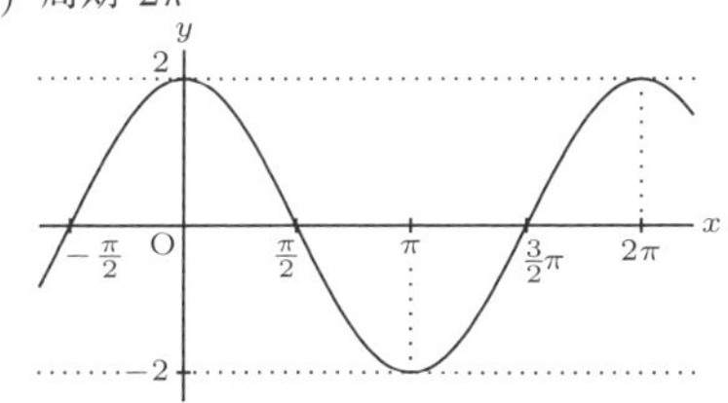

(2) 周期 2π

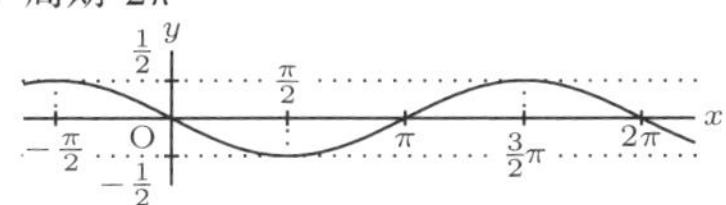

297 (1) 周期 π

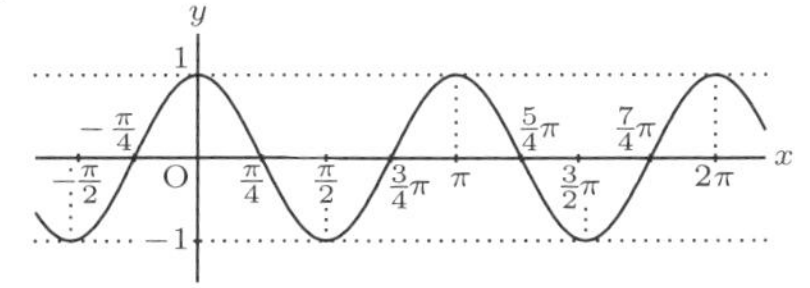

(2) 周期 6π

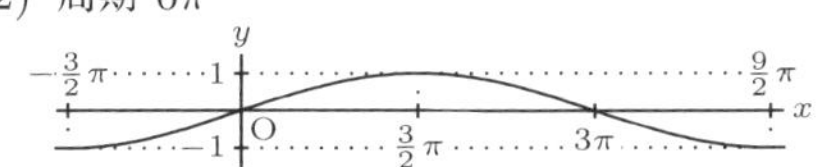

298 (1) $x = \dfrac{\pi}{4}$, $\dfrac{3}{4}\pi$　(2) $x = \dfrac{\pi}{3}$, $\dfrac{5}{3}\pi$

(3) $\dfrac{\pi}{3} \leqq x \leqq \dfrac{2}{3}\pi$　(4) $\dfrac{3}{4}\pi < x < \dfrac{5}{4}\pi$

299 (1) $x = 0$, π　(2) $x = \dfrac{3}{4}\pi$, $\dfrac{7}{4}\pi$

Check

300 (1) $\dfrac{2}{9}\pi$　(2) $\dfrac{5}{18}\pi$　(3) $-\dfrac{\pi}{10}$　(4) $-\dfrac{7}{6}\pi$

⇨288

301 (1) -45°　(2) 120°　(3) -330°　(4) 252°

⇨289

302 (1) -1　(2) $-\dfrac{1}{\sqrt{2}}$　(3) $-\sqrt{3}$

(4) $\dfrac{\sqrt{3}}{2}$　(5) $-\dfrac{\sqrt{3}}{2}$　(6) 1

⇨287,290

303 弧の長さ $\dfrac{5}{4}\pi$, 面積 $\dfrac{25}{8}\pi$　⇨291

304 左辺を通分せよ．また，$1-\cos^2\theta = \sin^2\theta$ を用いよ．

⇨292

305 $\cos\theta = -\dfrac{\sqrt{15}}{4}$, $\tan\theta = \dfrac{1}{\sqrt{15}}$　⇨293

306 (1) 周期 2π

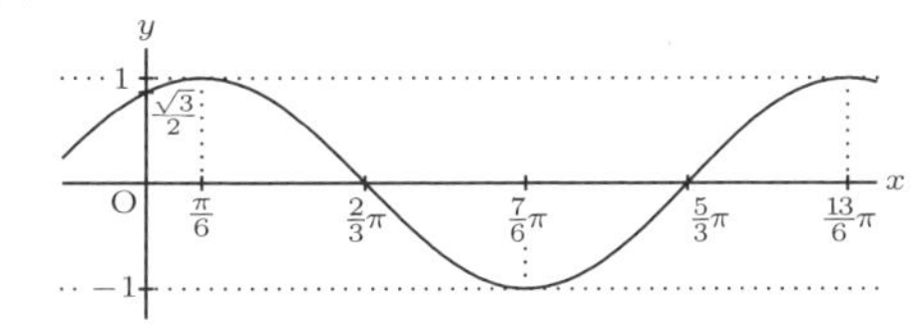

(2) 周期 $\dfrac{2}{3}\pi$

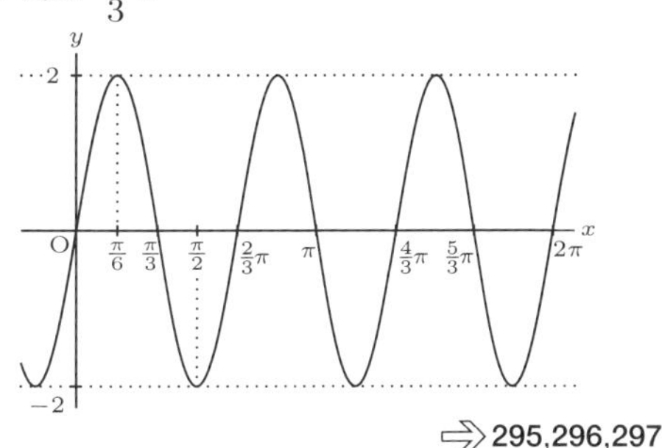

⇨295,296,297

307 (1) $x = \dfrac{5}{4}\pi$, $\dfrac{7}{4}\pi$

(2) $x = \dfrac{2}{3}\pi$, $\dfrac{5}{3}\pi$

(3) $0 \leqq x < \dfrac{\pi}{6}$, $\dfrac{5}{6}\pi < x < 2\pi$

(4) $\dfrac{\pi}{4} \leqq x \leqq \dfrac{7}{4}\pi$

⇨298,299

308 $a = -\dfrac{1}{\sqrt{2}}$, $b = \dfrac{5}{6}\pi$, $c = -\dfrac{\pi}{2}$　⇨295,296,297

Step up

309 ABで切った側面の展開図で

$\angle \mathrm{AOA'} = \theta$ とすると

$\mathrm{OA} \cdot \theta = 2\pi r_1$, $\mathrm{OB} \cdot \theta = 2\pi r_2$ より

$$S = \frac{1}{2}\mathrm{OB}^2 \cdot \theta - \frac{1}{2}\mathrm{OA}^2 \cdot \theta$$
$$= \frac{(\mathrm{OB}+\mathrm{OA})(\mathrm{OB}-\mathrm{OA})}{2}\theta$$
$$= \frac{(\mathrm{OB}\cdot\theta + \mathrm{OA}\cdot\theta)\,l}{2} = \frac{(2\pi r_2 + 2\pi r_1)\,l}{2}$$
$$= \pi(r_1 + r_2)\,l$$

310 半径を x とおくと，弧の長さは $12-2x$

よって，面積 S は

$$S = \frac{1}{2}x(12-2x) = -x^2+6x$$
$$= -(x-3)^2+9 \qquad (0<x<6)$$

したがって，半径が3のとき最大となる．

311 解と係数の関係より

$$\sin\theta + \cos\theta = \frac{2}{3},\ \sin\theta\cos\theta = \frac{k}{3}$$

第1式を2乗して第2式を代入せよ．　$k = -\dfrac{5}{6}$

312 (1) 周期 π

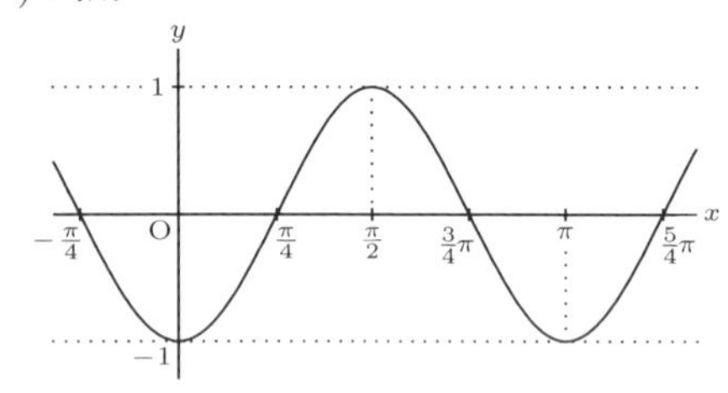

(2) 周期 $\dfrac{2}{3}\pi$

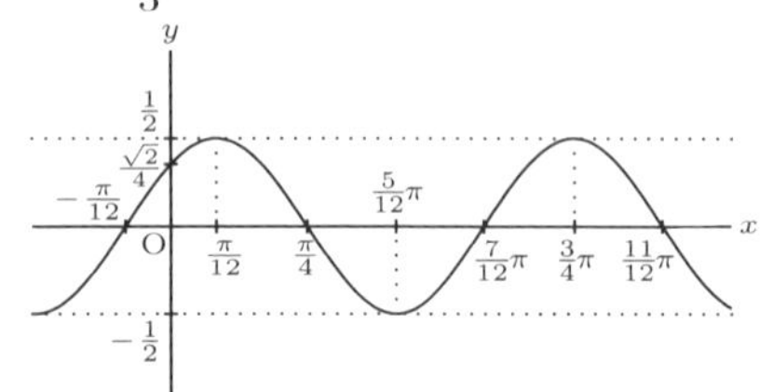

(3) 周期 $\dfrac{\pi}{2}$

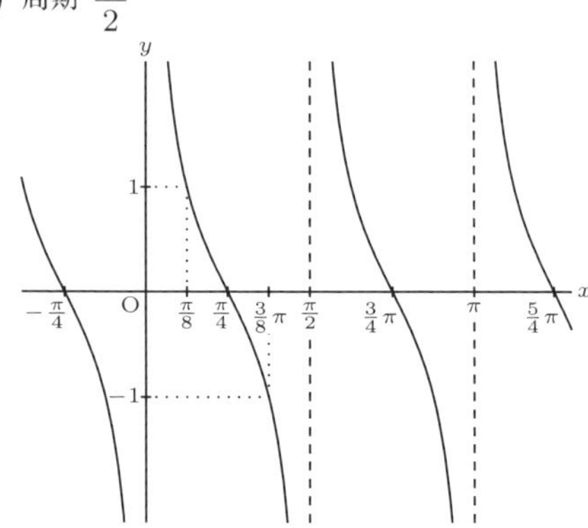

313 (1) $\dfrac{\pi}{3} \leqq x + \dfrac{\pi}{3} < \dfrac{7}{3}\pi$ で解を考えると

$$x + \frac{\pi}{3} = \frac{11}{6}\pi,\ \frac{13}{6}\pi$$

したがって　$x = \dfrac{3}{2}\pi,\ \dfrac{11}{6}\pi$

(2) $0 \leqq 2x < 4\pi$ で解を考えると

$$2x = \frac{\pi}{6},\ \frac{5}{6}\pi,\ \frac{13}{6}\pi,\ \frac{17}{6}\pi$$

したがって　$x = \dfrac{\pi}{12},\ \dfrac{5}{12}\pi,\ \dfrac{13}{12}\pi,\ \dfrac{17}{12}\pi$

(3) $-\dfrac{\pi}{6} \leqq 2x - \dfrac{\pi}{6} < \dfrac{23}{6}\pi$ で解を考えると

$$2x - \frac{\pi}{6} = \frac{\pi}{6},\ \frac{5}{6}\pi,\ \frac{13}{6}\pi,\ \frac{17}{6}\pi$$

したがって　$x = \dfrac{\pi}{6},\ \dfrac{\pi}{2},\ \dfrac{7}{6}\pi,\ \dfrac{3}{2}\pi$

314 $0 \leqq x \leqq \dfrac{\pi}{3},\ \dfrac{\pi}{2} < x \leqq \dfrac{4}{3}\pi,\ \dfrac{3}{2}\pi < x < 2\pi$

315 (1) $\sin x = t$ とおく．$(-1 \leqq t \leqq 1)$

$\cos^2 x = 1 - \sin^2 x = 1 - t^2$ より

$2t^2 - t - 1 = 0$　よって　$t = 1,\ -\dfrac{1}{2}$

したがって　$\sin x = 1,\ -\dfrac{1}{2}$

$\therefore\ x = \dfrac{\pi}{2},\ \dfrac{7}{6}\pi,\ \dfrac{11}{6}\pi$

(2) $\cos x = t$ とおく．$(-1 \leqq t \leqq 1)$

$2(1-t^2)+5t-4<0$ より　$2t^2-5t+2>0$

$(2t-1)(t-2)>0$ を解いて　$t<\dfrac{1}{2},\ t>2$

$-1 \leqq t \leqq 1$ だから $-1 \leqq t < \dfrac{1}{2}$

$-1 \leqq \cos x < \dfrac{1}{2}$ より $\dfrac{\pi}{3} < x < \dfrac{5}{3}\pi$

316 (1) $y = t^2 - t - 1 = \left(t - \dfrac{1}{2}\right)^2 - \dfrac{5}{4}$

ただし　$-1 \leqq t \leqq 1$

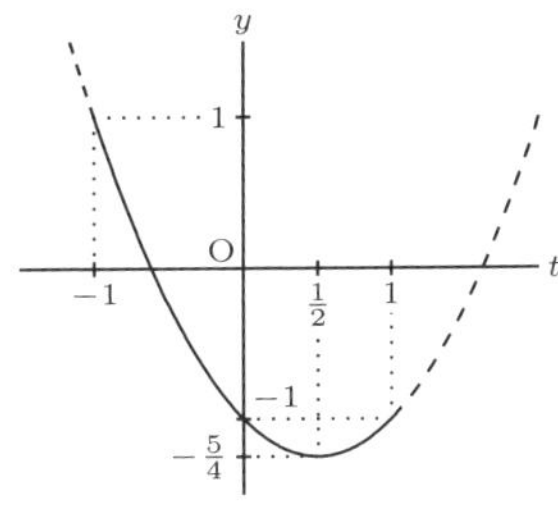

(2) $t=\frac{1}{2}$ すなわち $x=\frac{\pi}{6}, \frac{5}{6}\pi$ のとき

最小値 $-\frac{5}{4}$

$t=-1$ すなわち $x=\frac{3}{2}\pi$ のとき

最大値 1

317 (1) $2\sin x-1>0$ より　$\frac{\pi}{6}<x<\frac{5}{6}\pi$

$2\cos x-\sqrt{2}\leqq 0$ より　$\frac{\pi}{4}\leqq x\leqq\frac{7}{4}\pi$

したがって，求める解は　$\frac{\pi}{4}\leqq x<\frac{5}{6}\pi$

(2) $\tan x+1<0$ より

$\frac{\pi}{2}<x<\frac{3}{4}\pi,\ \frac{3}{2}\pi<x<\frac{7}{4}\pi$

$2\cos x<1$ より　$\frac{\pi}{3}<x<\frac{5}{3}\pi$

したがって，求める解は

$\frac{\pi}{2}<x<\frac{3}{4}\pi,\ \frac{3}{2}\pi<x<\frac{5}{3}\pi$

3 加法定理とその応用

Basic

318 $\sin 105^\circ=\frac{\sqrt{2}+\sqrt{6}}{4}$，$\cos 105^\circ=\frac{\sqrt{2}-\sqrt{6}}{4}$

$\tan 105^\circ=-2-\sqrt{3}$

319 $\sin\left(\theta+\frac{\pi}{3}\right)=\frac{1}{2}\sin\theta+\frac{\sqrt{3}}{2}\cos\theta$

$\cos\left(\theta+\frac{\pi}{4}\right)=\frac{1}{\sqrt{2}}(\cos\theta-\sin\theta)$

320 (1) $\frac{3+2\sqrt{14}}{12}$　(2) $\frac{-\sqrt{7}+6\sqrt{2}}{12}$

321 (1) $-\frac{9}{7}$

(2) $\tan(\alpha+\beta)=-1$，$\alpha+\beta=\frac{3}{4}\pi$

322 $\sin 2\alpha=-\frac{4\sqrt{5}}{9}$，$\cos 2\alpha=\frac{1}{9}$

$\tan 2\alpha=-4\sqrt{5}$

323 $\cos^2\frac{\pi}{12}=\frac{2+\sqrt{3}}{4}$ より

$\cos\frac{\pi}{12}=\frac{\sqrt{2+\sqrt{3}}}{2}\left(=\frac{\sqrt{6}+\sqrt{2}}{4}\right)$

324 $\sin\frac{\alpha}{2}=\frac{3}{\sqrt{10}}$，$\cos\frac{\alpha}{2}=-\frac{1}{\sqrt{10}}$

$\tan\frac{\alpha}{2}=-3$

325 (1) $\frac{1}{2}(\sin 7\theta-\sin 3\theta)$

(2) $-\frac{1}{2}(\cos 5\theta-\cos\theta)$

(3) $\frac{1}{2}(\cos 5\theta+\cos 3\theta)$

(4) $\frac{1}{2}(\sin 10\theta-\sin 4\theta)$

326 (1) $2\sin 3\theta\cos 2\theta$　(2) $2\cos 4\theta\cos 2\theta$

(3) $2\sin 3\theta\sin 2\theta$　(4) $-2\cos\frac{5\theta}{2}\sin\frac{\theta}{2}$

327 (1) $y=\sin\left(x+\frac{\pi}{3}\right)$

(2) $y=2\sqrt{2}\sin\left(x-\frac{\pi}{4}\right)$

328 最大値 2 $\left(x=\frac{\pi}{3}\right)$，最小値 -2 $\left(x=\frac{4}{3}\pi\right)$

Check

329 (1) $-\frac{2\sqrt{2}+7\sqrt{3}}{15}$　(2) $\frac{2\sqrt{7}+\sqrt{42}}{15}$　⇒320

330 $-\frac{11}{7}$　⇒321

331 (1) $\frac{24}{25}$　(2) $-\frac{7}{25}$　(3) $-\frac{24}{7}$

⇒322

332 (1) $\frac{\sqrt{6}}{4}$　(2) $-\frac{\sqrt{10}}{4}$　(3) $-\frac{\sqrt{15}}{5}$

⇒324

333 左辺 $=(\cos^2\theta+\sin^2\theta)(\cos^2\theta-\sin^2\theta)$

$=\cos^2\theta-\sin^2\theta=$ 右辺　⇒322

334 (1) $\cos 2\theta+\frac{1}{2}$　(2) $\frac{1}{2}\cos\theta$　⇒325

335 (1) $\sqrt{3}\sin 70^\circ$　(2) $-\sqrt{3}\sin 40^\circ$

⇒326

5章 三角関数

336 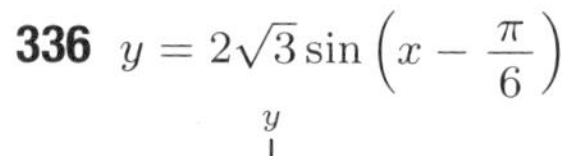 $y=2\sqrt{3}\sin\left(x-\dfrac{\pi}{6}\right)$

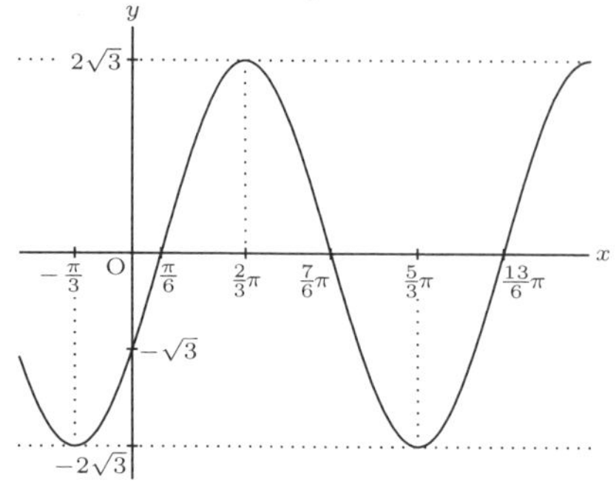

⇨327,328

Step up

337 (1) $\tan 2\theta=\dfrac{2\tan\theta}{1-\tan^2\theta}$ より

$$\text{左辺}=\frac{1}{\tan\theta}-\frac{1-\tan^2\theta}{2\tan\theta}=\frac{1+\tan^2\theta}{2\tan\theta}$$

$$=\frac{\frac{1}{\cos^2\theta}}{\frac{2\sin\theta}{\cos\theta}}=\frac{1}{2\sin\theta\cos\theta}=\text{右辺}$$

(2) 2 倍角の公式より　$\sin 2x=2\sin x\cos x$

$1-\cos 2x=2\sin^2 x$,　$1+\cos 2x=2\cos^2 x$

これらを左辺に代入せよ.

338 (1) $(2\sin x-1)(\sin x+1)=0$　より

$x=\dfrac{\pi}{6},\ \dfrac{5}{6}\pi,\ \dfrac{3}{2}\pi$

(2) $2\sin x\cos x-\sqrt{3}\cos x\geqq 0$　より

$(2\sin x-\sqrt{3})\cos x\geqq 0$

よって

$\begin{cases}2\sin x-\sqrt{3}\geqq 0\\ \cos x\geqq 0\end{cases}$　$\dfrac{\pi}{3}\leqq x\leqq\dfrac{\pi}{2}$

$\begin{cases}2\sin x-\sqrt{3}\leqq 0\\ \cos x\leqq 0\end{cases}$　$\dfrac{2}{3}\pi\leqq x\leqq\dfrac{3}{2}\pi$

したがって，求める解は

$\dfrac{\pi}{3}\leqq x\leqq\dfrac{\pi}{2}$,　$\dfrac{2}{3}\pi\leqq x\leqq\dfrac{3}{2}\pi$

(3) $\sin 3x-\sin x=0$ より　$2\cos 2x\sin x=0$

$0\leqq 2x<4\pi$ に注意して $\cos 2x=0$ を解き，

$\sin x=0$ の解と合わせると

$x=0,\ \dfrac{\pi}{4},\ \dfrac{3}{4}\pi,\ \pi,\ \dfrac{5}{4}\pi,\ \dfrac{7}{4}\pi$

(4) 和を積に直すことにより

$\cos x\ \cos\dfrac{5}{2}x\ \sin\dfrac{x}{2}=0$

したがって

$x=0,\ \dfrac{\pi}{2},\ \dfrac{3}{2}\pi,\ \dfrac{\pi}{5},\ \dfrac{3}{5}\pi,\ \pi,\ \dfrac{7}{5}\pi,\ \dfrac{9}{5}\pi$

(5) $\cos x+\cos 3x$ を積の形に直すことにより

$\cos 2x(2\cos x+1)=0$　したがって

$x=\dfrac{\pi}{4},\ \dfrac{3}{4}\pi,\ \dfrac{5}{4}\pi,\ \dfrac{7}{4}\pi,\ \dfrac{2}{3}\pi,\ \dfrac{4}{3}\pi$

339 (1) $y=\dfrac{1-\cos 2x}{2}=-\dfrac{1}{2}\cos 2x+\dfrac{1}{2}$

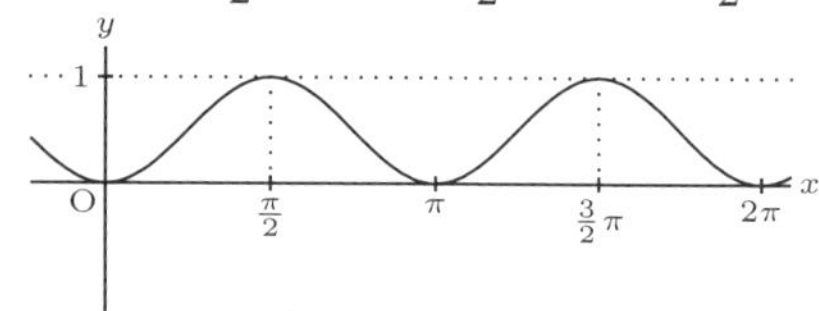

(2) $y=\sqrt{3}\cos\left(x-\dfrac{\pi}{6}\right)$

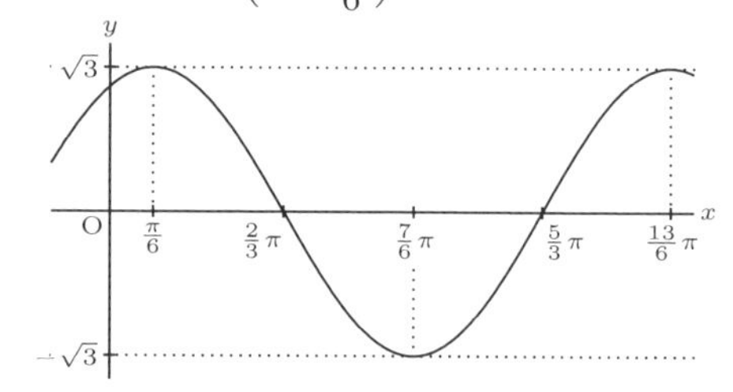

(3) $y=\sin\left(2x+\dfrac{\pi}{6}\right)-\dfrac{1}{2}$

$=\sin 2\left(x+\dfrac{\pi}{12}\right)-\dfrac{1}{2}$

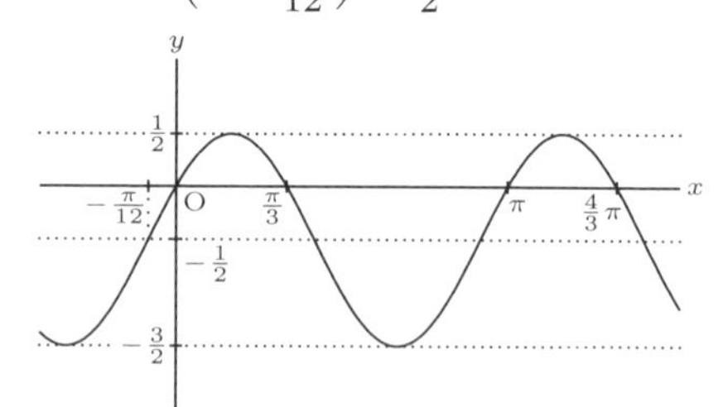

340 (1) 和を積に直す公式と $A+B=\pi-C$ より

$\text{左辺}=2\sin(A+B)\cos(A-B)$

$=2\sin C\cos(A-B)$

よって　$2\sin C\cos(A-B)=2\sin C$

$\sin C\neq 0$ だから　$\cos(A-B)=1$

$-\pi<A-B<\pi$ より　$A-B=0$

したがって，$A=B$ の二等辺三角形

(2) 和を積に直す公式と $A+B=\pi-C$ より

$$左辺 = 2\cos(A+B)\cos(A-B)$$
$$= -2\cos C\cos(A-B)$$

よって　$-2\cos C\cos(A-B) = 2\cos C$

$$\cos C\{\cos(A-B)+1\} = 0$$

$-\pi < A-B < \pi$ より $\cos(A-B) \neq -1$

よって　$\cos C = 0$　$\therefore\ C = \dfrac{\pi}{2}$

したがって，C が直角の直角三角形

341 $左辺 = 2\sin\dfrac{\alpha+\beta}{2}\cos\dfrac{\alpha-\beta}{2} + \sin\gamma$

$$= 2\sin\left(\frac{\pi}{2}-\frac{\gamma}{2}\right)\cos\frac{\alpha-\beta}{2} + 2\sin\frac{\gamma}{2}\cos\frac{\gamma}{2}$$

$$= 2\cos\frac{\gamma}{2}\left(\cos\frac{\alpha-\beta}{2}+\sin\frac{\gamma}{2}\right)$$

$$右辺 = 2\left(\cos\frac{\alpha+\beta}{2}+\cos\frac{\alpha-\beta}{2}\right)\cos\frac{\gamma}{2}$$

$$= 2\left(\sin\frac{\gamma}{2}+\cos\frac{\alpha-\beta}{2}\right)\cos\frac{\gamma}{2}$$

よって　左辺 = 右辺

342 (1) $与式 = -\dfrac{1}{2}(\cos 60^\circ - \cos 40^\circ)\sin 70^\circ$

$$= -\frac{1}{2}\left(\frac{1}{2}\sin 70^\circ - \cos 40^\circ \sin 70^\circ\right)$$

とし，積を和に直す公式をもう一度用い，

$\sin 70^\circ = \sin 110^\circ$ に注意する．　$\dfrac{1}{8}$

(2) $与式 = 2\cos 50^\circ \sin 30^\circ - \sin 40^\circ$

$$= \cos 50^\circ - \sin 40^\circ$$

$\cos 50^\circ = \sin 40^\circ$ だから　0

343 2 倍角と半角の公式を用いて

$$y = 2\sin\left(2x-\frac{\pi}{6}\right)+2$$

最大値　4　$\left(x = \dfrac{\pi}{3},\ \dfrac{4}{3}\pi\right)$

最小値　0　$\left(x = \dfrac{5}{6}\pi,\ \dfrac{11}{6}\pi\right)$

344 $f(x) = 2\sin(x+\alpha)\ (0 \leqq \alpha < 2\pi)$ と表され

$\sin\left(\dfrac{\pi}{3}+\alpha\right) = 1,\ \sin\left(\dfrac{4}{3}\pi+\alpha\right) = -1$

よって　$\dfrac{\pi}{3}+\alpha = \dfrac{\pi}{2}$　$\therefore\ \alpha = \dfrac{\pi}{6}$

$f(x) = 2\sin\left(x+\dfrac{\pi}{6}\right)$　これを展開し，もとの式と比較すると　$a = \sqrt{3},\ b = 1$

345 (1) 合成すると　$\sqrt{2}\sin\left(x+\dfrac{\pi}{4}\right) = \dfrac{1}{\sqrt{2}}$

$$x = \frac{7}{12}\pi,\ \frac{23}{12}\pi$$

(2) 合成すると　$2\sin\left(x-\dfrac{\pi}{3}\right)+\sqrt{2} = 0$

$$x = \frac{\pi}{12},\ \frac{19}{12}\pi$$

346 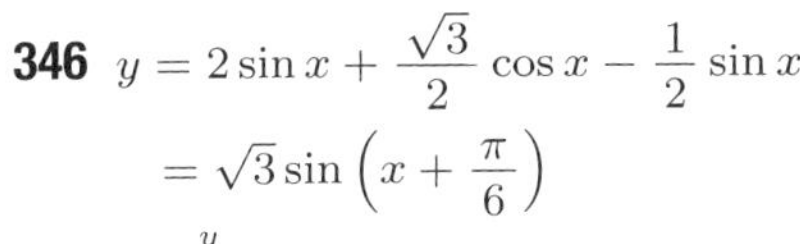

$$y = 2\sin x + \frac{\sqrt{3}}{2}\cos x - \frac{1}{2}\sin x$$
$$= \sqrt{3}\sin\left(x+\frac{\pi}{6}\right)$$

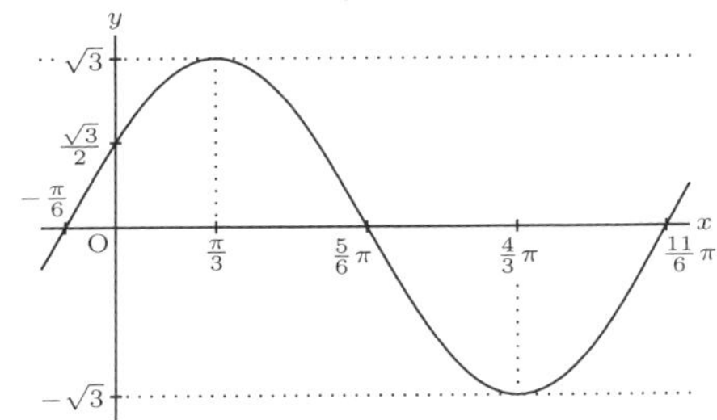

Plus

347 (1) $x = \pm\dfrac{\pi}{4}+2n\pi$　(n は整数)

(2) $\tan x$ の周期は π に注意せよ．

$x = \dfrac{\pi}{6}+n\pi$　(n は整数)

(3) $(2\sin x-1)(\sin x+1) = 0$ より

$x = \dfrac{\pi}{6}+2n\pi,\ \dfrac{5}{6}\pi+2n\pi,\ \dfrac{3}{2}\pi+2n\pi$　(n は整数)

(4) $\sin x = \sqrt{2}\cos^2 x$ より

$$(\sqrt{2}\sin x-1)(\sin x+\sqrt{2}) = 0$$

よって　$\sin x = \dfrac{1}{\sqrt{2}}$

$\therefore\ x = \dfrac{\pi}{4}+2n\pi,\ \dfrac{3}{4}\pi+2n\pi$　(n は整数)

(5) $x-\dfrac{\pi}{3} = \dfrac{2}{3}\pi+2n\pi,\ \dfrac{4}{3}\pi+2n\pi$ より $x = \pi+2n\pi,\ \dfrac{5}{3}\pi+2n\pi$　(n は整数)

(6) $\dfrac{3}{4}\pi+2n\pi \leqq x \leqq \dfrac{9}{4}\pi+2n\pi$　(n は整数)

(7) $\dfrac{\pi}{4}+n\pi \leqq x < \dfrac{\pi}{2}+n\pi$　(n は整数)

(8) $2\sin\left(x-\dfrac{\pi}{6}\right) > 1$ より

$$\frac{\pi}{6}+2n\pi < x-\frac{\pi}{6} < \frac{5}{6}\pi+2n\pi$$

$\therefore\ \dfrac{\pi}{3}+2n\pi < x < \pi+2n\pi$　(n は整数)

348 $S(x) = \sin x+\sin 2x+\sin 3x+\sin 4x$ とおく．

$$S(x)\sin\frac{x}{2} = \sin x\sin\frac{x}{2} + \sin 2x\sin\frac{x}{2} + \sin 3x\sin\frac{x}{2} + \sin 4x\sin\frac{x}{2}$$
$$= -\frac{1}{2}\left(\cos\frac{9}{2}x - \cos\frac{x}{2}\right)$$
$$= \sin\frac{5}{2}x\sin 2x$$
$$\therefore\ S(x) = \frac{\sin 2x\sin\frac{5}{2}x}{\sin\frac{x}{2}}$$

6章 図形と式

1 点と直線

Basic

349 AB $=5$, OA $=4$, OB $=3$

350 (1) $(3,\ 0)$　(2) $(0,\ -6)$　(3) $(6,\ 6)$

351 P$\left(0,\ \frac{8}{5}\right)$, Q$\left(2,\ \frac{17}{5}\right)$, M$\left(1,\ \frac{5}{2}\right)$

352 (1) $\left(\frac{4}{3},\ \frac{7}{3}\right)$　(2) $\left(4,\ \frac{14}{3}\right)$

353 $(2,\ 5)$

354 (1) $y=4x-11$　(2) $y=\frac{1}{\sqrt{3}}x+\frac{2}{\sqrt{3}}$

355 (1) $y=-2x+9$　(2) $y=7$
(3) $y=-\frac{4}{7}x+\frac{26}{7}$　(4) $x=-\sqrt{5}$

356 (1)

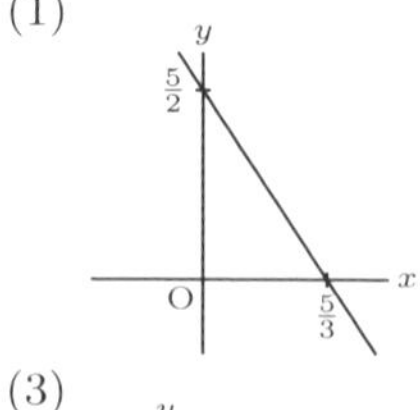

(2)

(3)

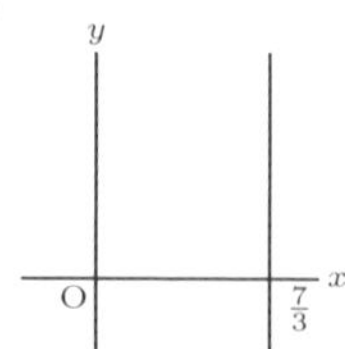

357 (1) $x+3y+4=0$　(2) $2x+5y-1=0$
(3) $x=3$　(4) $y=7$

358 $3x-y-9=0$

Check

359 (1) AB $=10$, AC $=10$, BC $=4\sqrt{5}$
AB $=$ AC の二等辺三角形
(2) AB $=\sqrt{10}$, AC $=\sqrt{10}$, BC $=2\sqrt{5}$
∠A を直角とする直角二等辺三角形　⇒349

360 $(-3,\ 0)$, $(5,\ 0)$　⇒350

361 $\left(\frac{1}{2},\ -\frac{1}{2}\right)$　⇒350

362 $(2,\ -3)$　⇒350

363 順に $\left(\frac{11}{3},\ 3\right)$, $\left(\frac{13}{3},\ 4\right)$　⇒351

364 $(0,\ 5)$　⇒351,352

365 対角線の交点 $\left(\frac{3}{2},\ 1\right)$, $x=4$, $y=3$　⇒351

366 $a=2$, $b=5$　⇒352,353

367 $y=\sqrt{3}x+3\sqrt{3}$　⇒354

368 $y=\frac{5}{2}x-\frac{11}{2}$　⇒355

369 $3x-y-4=0$, $x+3y+2=0$　⇒357

370 $a=\frac{8}{3}$, $b=-\frac{10}{3}$　⇒357

371 $2x+3y-21=0$　⇒358

Step up

372 AB の中点は $\left(\frac{a-c}{2},\ 0\right)$ で, AB の傾きは $\frac{2b}{a+c}$ だから, AB の垂直二等分線は
$$y=-\frac{a+c}{2b}\left(x-\frac{a-c}{2}\right)$$
y 軸との交点は $\left(0,\ \frac{a^2-c^2}{4b}\right)$ になる.
CA の垂直二等分線と y 軸との交点も同じであることを示せ.

373 重心: $\left(0,\ \frac{4}{3}\right)$
垂心: B から AC に引いた垂線と y 軸との交点　$\left(0,\ \frac{9}{4}\right)$

外心：y 軸上で A, B から等距離 $\left(0,\ \dfrac{7}{8}\right)$

374 $A(-a,\ 0)$, $B(a,\ 0)$, $C(b,\ c)$, $M(0,\ 0)$ とおけ.

375 3 頂点を $(x_1,\ y_1)$, $(x_2,\ y_2)$, $(x_3,\ y_3)$ とする.

$\dfrac{x_1+x_2}{2}=3$, $\dfrac{x_2+x_3}{2}=6$, $\dfrac{x_3+x_1}{2}=5$ を

解いて　$x_1=2$, $x_2=4$, $x_3=8$

同様にして　$y_1=1$, $y_2=3$, $y_3=-1$

$\therefore$　$(2,\ 1)$, $(4,\ 3)$, $(8,\ -1)$

376 (1) $\dfrac{v-5}{u-3}\cdot 2=-1$, $\dfrac{v+5}{2}=2\cdot\dfrac{u+3}{2}$

より　$\left(\dfrac{11}{5},\ \dfrac{27}{5}\right)$

(2) $\dfrac{u+3}{2}=-2$, $\dfrac{v+5}{2}=1$ より $(-7,\ -3)$

377 (1) $D(x,\ y)$ とおく.

$AD=AB$, $AD\perp AB$ より

$(x-4)^2+(y-2)^2=20$, $\dfrac{y-2}{x-4}\cdot\dfrac{1}{2}=-1$

これを解いて　$(x,\ y)=(2,\ 6)$, $(6, -2)$

第 1 象限だから　$D(2,\ 6)$

(2) BD の中点だから

$\left(\dfrac{8+2}{2},\ \dfrac{4+6}{2}\right)=(5,\ 5)$

(3) $C(x,\ y)$ とおくと $\dfrac{4+x}{2}=5$, $\dfrac{2+y}{2}=5$

これを解いて　$C(6,\ 8)$

378 直線の式を変形して

$3x-2y+1+(-2x+y+5)a=0$

$\begin{cases}3x-2y+1=0\\-2x+y+5=0\end{cases}$ の解は　$x=11$, $y=17$

よって，例題と同様に，定点 $(11,\ 17)$ を通る.

379 (1) 方程式 $y-3x-1+k(x-2y-4)=0$ は 1 次式だから直線を表し，点 A で等式が成り立つ.

(2) $y-3x-1+k(x-2y-4)=0$ に点 B の座標を代入して　$k=-15$

よって，求める直線は　$18x-31y-59=0$

(3) 垂直条件より　$\dfrac{k-3}{2k-1}\cdot\left(-\dfrac{3}{4}\right)=-1$

これを解いて　$k=-1$

よって，求める直線は　$4x-3y-3=0$

380 (1) ℓ_1 は $(1,\ 0)$, ℓ_2 は $(0,\ 1)$ を通る.

(2) $-\dfrac{1}{k}=-\dfrac{k+1}{2}$ だから　$k=-2,\ 1$

$k=1$ のときは 一致するから　$k=-2$

(3) $\left(-\dfrac{1}{k}\right)\left(-\dfrac{k+1}{2}\right)=-1$ より　$k=-\dfrac{1}{3}$

(4) ℓ_1 の式を①，ℓ_2 の式を②とする.

①×2 より　$2x+2ky=2$　③

②×k より　$k(k+1)x+2ky=2k$　④

④−③ より　$(k^2+k-2)x=2(k-1)$

$k\neq 1,\ -2$ だから　$x=\dfrac{2}{k+2}$

②に代入して　$y=\dfrac{1}{k+2}$

$x=2y$ より　$x-2y=0$

2　2 次曲線

Basic

381 (1) $(x-2)^2+(y-3)^2=5$

(2) $(x-1)^2+(y+2)^2=13$

(3) $(x-3)^2+(y+1)^2=5$

382 (1) 中心 $(-2,\ 3)$，半径 3

(2) 中心 $\left(1,\ \dfrac{4}{3}\right)$，半径 $\dfrac{5}{3}$

383 $x^2+y^2-x+y-6=0$

中心 $\left(\dfrac{1}{2},\ -\dfrac{1}{2}\right)$，半径 $\sqrt{\dfrac{13}{2}}$

384 中心 $\left(1,\ \dfrac{5}{2}\right)$，半径 $\dfrac{1}{2}$ の円

385 $\dfrac{x^2}{9}+\dfrac{y^2}{25}=1$，焦点 $(0,\ \pm 4)$

386 (1) 焦点 $(\pm\sqrt{3},\ 0)$

長軸 4

短軸 2

y
1
x
−2
O
2
−1

(2) 焦点 $(0,\ \pm 1)$

長軸 4

短軸 $2\sqrt{3}$

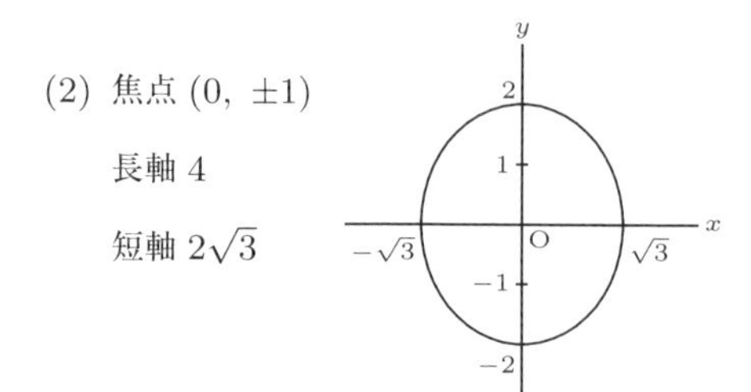

387 $\dfrac{x^2}{25}+\dfrac{y^2}{16}=1$

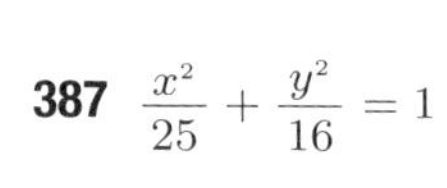

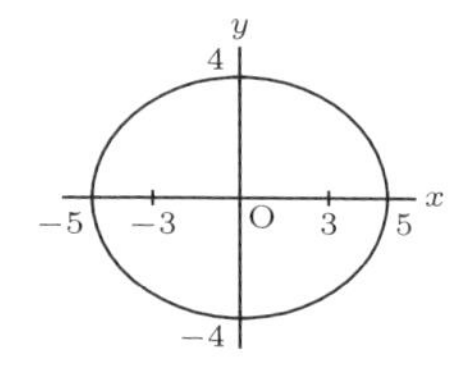

388 $\dfrac{x^2}{4}+\dfrac{y^2}{5}=1$

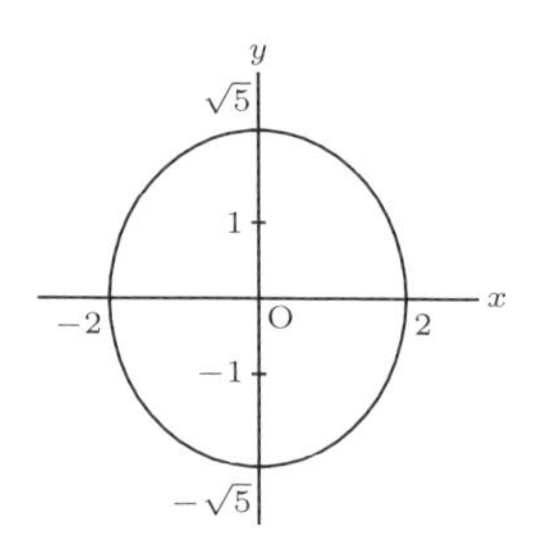

389 (1) 焦点 $(\pm 4,\ 0)$

漸近線 $y=\pm\sqrt{3}x$

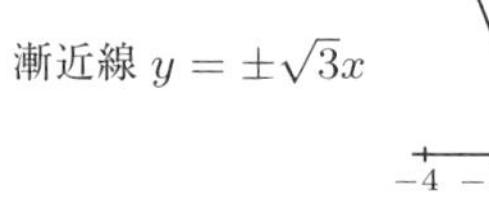

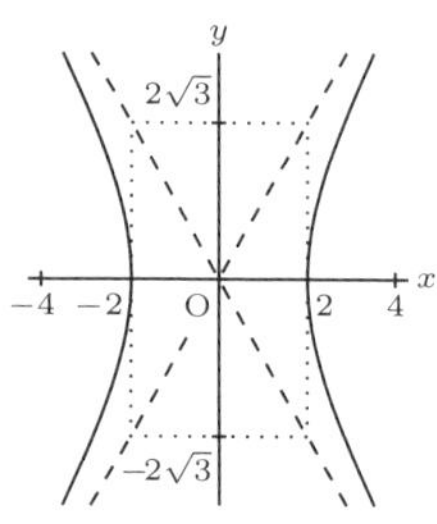

(2) 焦点 $(\pm\sqrt{5},\ 0)$

漸近線 $y=\pm\dfrac{1}{2}x$

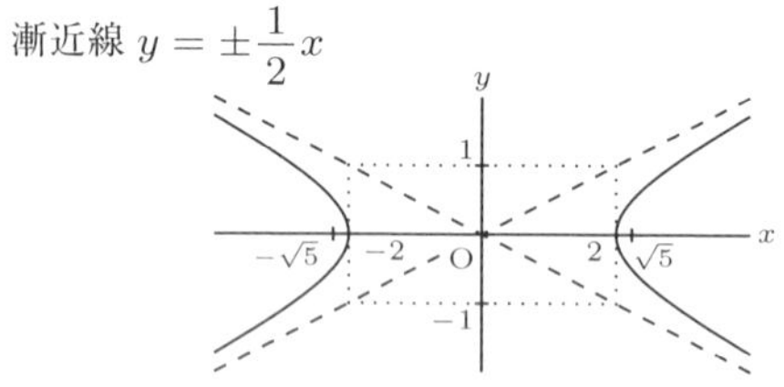

390 $x^2-\dfrac{y^2}{8}=1$, 漸近線 $y=\pm 2\sqrt{2}x$

391 焦点 $(0,\ \pm\sqrt{13})$, 漸近線 $y=\pm\dfrac{3}{2}x$

392 $y^2=-4x$

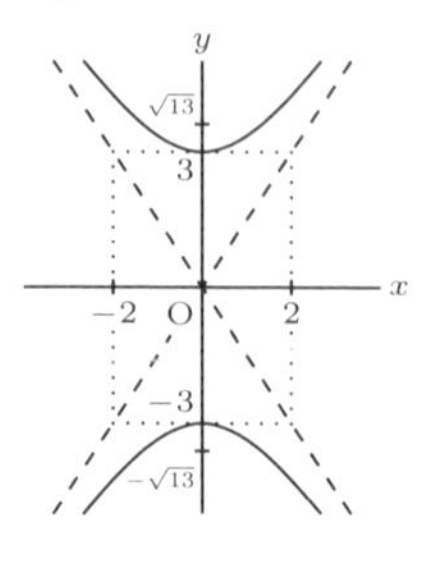

391の図

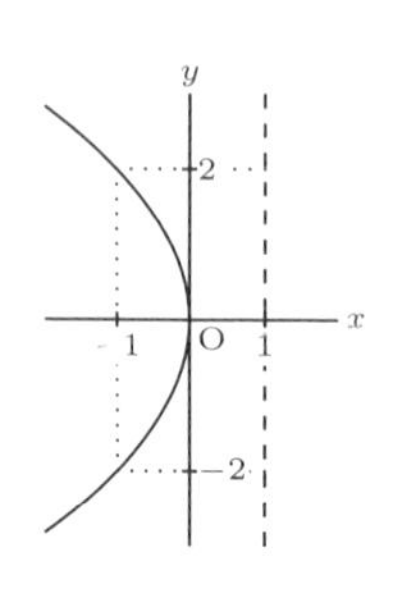

392の図

393 (1) 焦点 $\left(\dfrac{3}{4},\ 0\right)$, 準線 $x=-\dfrac{3}{4}$

(2) 焦点 $\left(-\dfrac{1}{4},\ 0\right)$, 準線 $x=\dfrac{1}{4}$

(3) 焦点 $\left(0,\ -\dfrac{1}{2}\right)$, 準線 $y=\dfrac{1}{2}$

(4) 焦点 $\left(0,\ \dfrac{1}{6}\right)$, 準線 $y=-\dfrac{1}{6}$

394 $k=-\dfrac{1}{2}$

395 $y=-x\pm\sqrt{6}$

396 (1) $2x+3y=13$ (2) $3x-2y=13$

(3) $x=\sqrt{13}$

397 6

398 面積 $S=6\sqrt{6}$, 内接円の半径 $r=\dfrac{2\sqrt{6}}{3}$

399 (1) 境界を含まない (2) 境界を含む

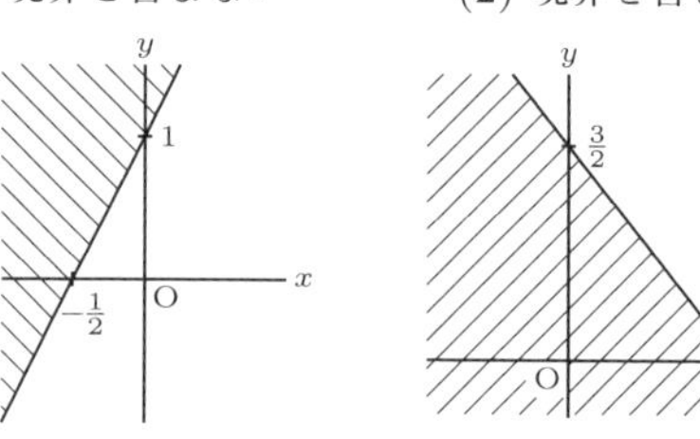

(3) 境界を含まない (4) 境界を含む

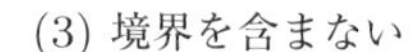

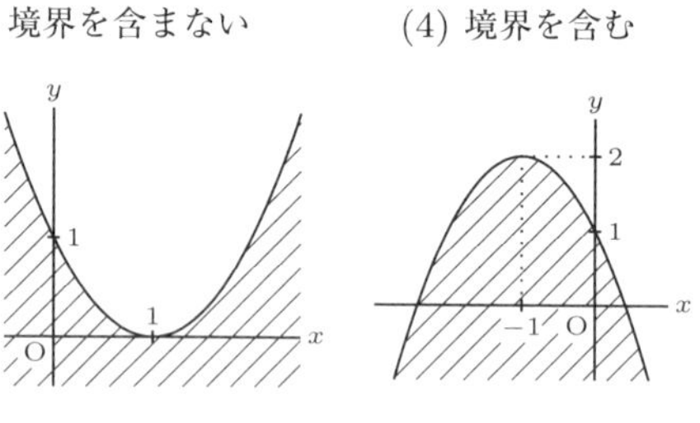

400 (1) 境界を含む (2) 境界を含まない

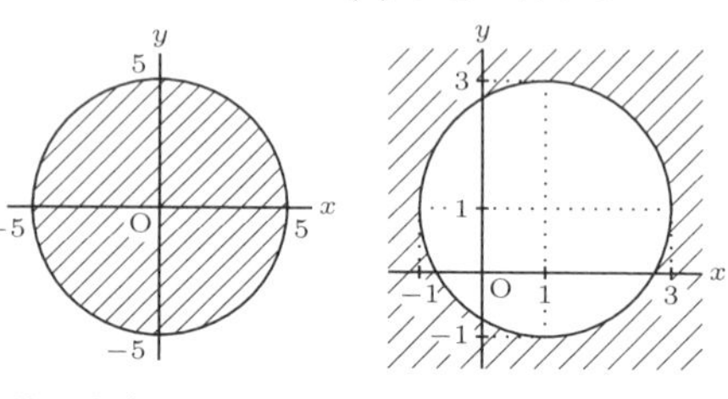

(3) 境界を含まない

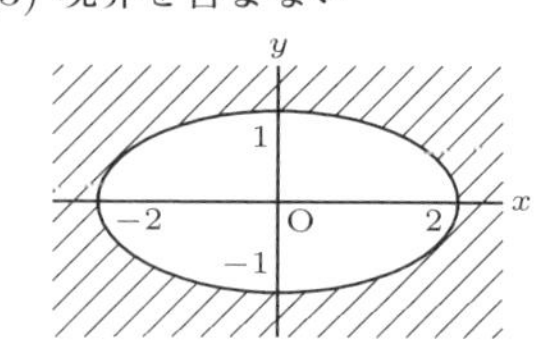

401 (1) 境界を含まない　(2) 境界を含む

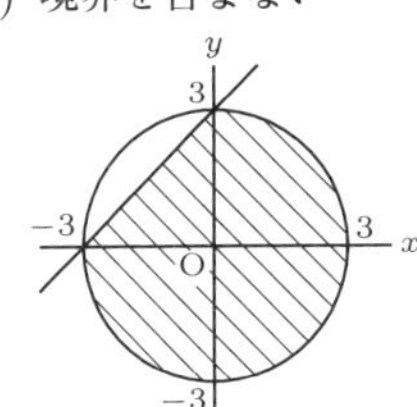

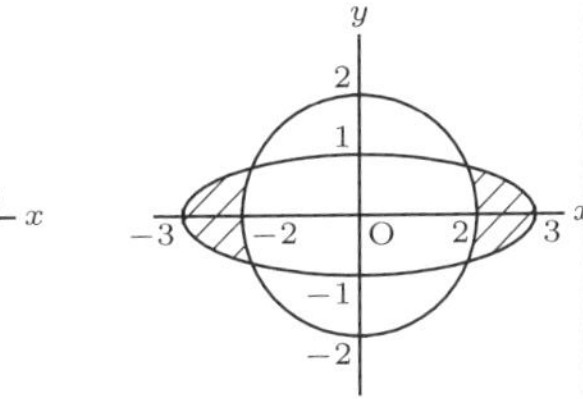

402 (1) $\begin{cases} y < 0 \\ x^2 + y^2 > 4 \end{cases}$　(2) $\begin{cases} y < x - 1 \\ y > -x + 1 \end{cases}$

403 (1) $\dfrac{28}{11}$　$\left(x = \dfrac{10}{11},\ y = \dfrac{18}{11}\text{のとき}\right)$

(2) 2　($x = 2$, $y = 0$ のとき)

Check

404 (1) $(x-2)^2 + (y+1)^2 = 9$

(2) $x^2 + y^2 - 3x - 5y + 8 = 0$　⇨381,383

405 中心 $(2,\ -3)$，半径 5　⇨382

406 中心 $(-3,\ 4)$，半径 $3\sqrt{2}$ の円　⇨384

407 $\dfrac{x^2}{16} + \dfrac{y^2}{13} = 1$　⇨387

408 焦点 $(\pm 2\sqrt{2},\ 0)$，長軸 $2\sqrt{15}$，短軸 $2\sqrt{7}$

⇨385,386

409 焦点 $(\pm 2\sqrt{3},\ 0)$，漸近線 $y = \pm\sqrt{2}x$　⇨389

410 $9x^2 - y^2 = -1$，焦点 $\left(0,\ \pm\dfrac{\sqrt{10}}{3}\right)$　⇨391

411 焦点 $\left(\dfrac{1}{4},\ 0\right)$，準線 $x = -\dfrac{1}{4}$　⇨393

412 $x^2 = 12y$　⇨392

413 16　⇨392

414 $y = 3x + \dfrac{2}{3}$　⇨394,395

415 傾き -2，切片 5　⇨396

416 (1) $y < x + 2$, $x < 0$, $y > 0$

(2) $\begin{cases} x^2 + y^2 < 9 \\ y > -x - 3 \end{cases}$

(3) $\begin{cases} \dfrac{x^2}{9} + \dfrac{y^2}{4} < 1 \\ y > \dfrac{1}{2}x^2 \end{cases}$　⇨399,400,401,402

417 $\dfrac{22}{5}$　$\left(x = \dfrac{18}{5},\ y = \dfrac{4}{5}\right)$　⇨403

Step up

418 (1) 円の式に $y = x + 3$ を代入すると

交点の座標は $(1,\ 4)$, $(3,\ 6)$

よって　$\sqrt{(1-3)^2 + (4-6)^2} = 2\sqrt{2}$

(2) 上の例題の公式①に代入すると

$(x-1)(x-3) + (y-4)(y-6) = 0$

よって　$(x-2)^2 + (y-5)^2 = 2$

419 接線を $y = mx + 3$ とおけ．(3) は直線 $x = 0$ が接線かどうかを調べよ．

(1) 接線 $y = \pm\dfrac{2}{\sqrt{5}}x + 3$，接点 $\left(\mp\dfrac{2\sqrt{5}}{3},\ \dfrac{5}{3}\right)$

（複号同順）

(2) 接線 $y = \pm\sqrt{3}x + 3$，接点 $\left(\mp\dfrac{2}{\sqrt{3}},\ 1\right)$

（複号同順）

(3) 接線 $x = 0$ のとき，接点 $(0,\ 0)$

接線 $y = \dfrac{1}{6}x + 3$ のとき，接点 $(18,\ 6)$

420 (1) 境界を含まない　(2) 境界を含む

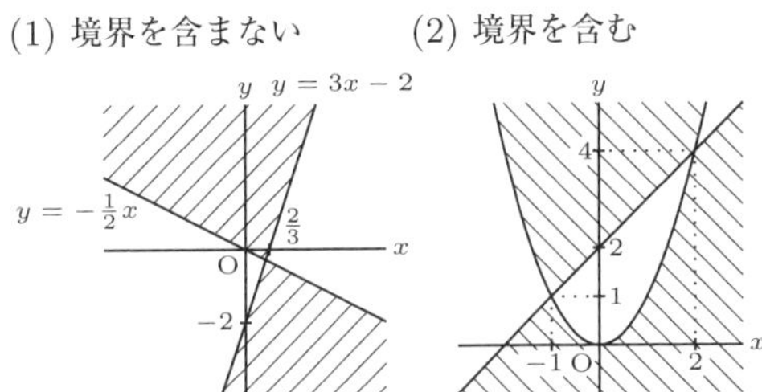

421 $y - 2x = k$ とおくと，$y = 2x + k$ となる．この直線が，連立不等式の表す領域と共有点をもつような k の範囲を求めればよい．

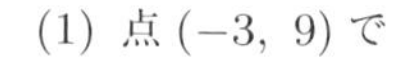

(1) 点 $(-3,\ 9)$ で

k は最大値 15

$y=2x+k$ が $y=x^2$

と接するとき k は最小

$x^2-2x-k=0$ の判別式

$D=(-2)^2-4(-k)=0$

より　$k=-1\ (x=1)$

$\therefore\quad -1 \leqq k \leqq 15$

(2) 点 $(2,\ 0)$ を通るとき

k は最小値 -4

点 $(0,\ 3)$ を通るとき

k は最大値 3

$\therefore\quad -4 \leqq k \leqq 3$

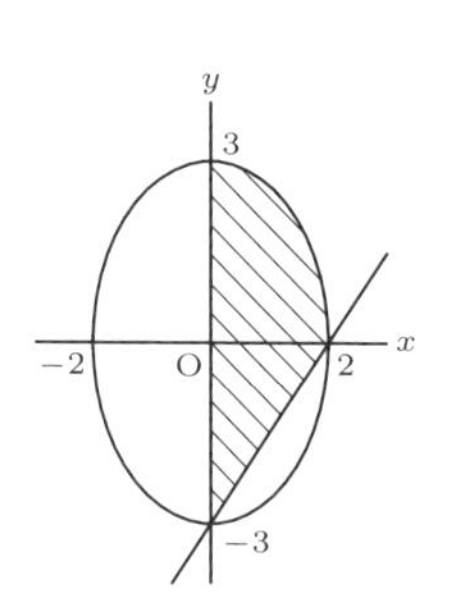

422 P の座標を $(X,\ Y)$ とおくと

$\dfrac{X^2}{a^2}-\dfrac{Y^2}{b^2}=1$ より $Y^2=\dfrac{b^2X^2}{a^2}-b^2$

このことと $a^2+b^2=c^2$ を用いて変形すると

$$\mathrm{PF}=\sqrt{(X-c)^2+Y^2}=\sqrt{\left(\frac{c}{a}X-a\right)^2}=\left|\frac{c}{a}X-a\right|$$

$$\mathrm{PF}'=\sqrt{(X+c)^2+Y^2}=\sqrt{\left(\frac{c}{a}X+a\right)^2}=\left|\frac{c}{a}X+a\right|$$

$X>0$ のとき，$X \geqq a,\ c>a$ から

$\mathrm{PF}=\dfrac{c}{a}X-a,\ \mathrm{PF}'=\dfrac{c}{a}X+a$

$\therefore\quad \mathrm{PF}-\mathrm{PF}'=-2a$

$X<0$ のとき，$X \leqq -a,\ c>a$ から

$\mathrm{PF}=-\dfrac{c}{a}X+a,\ \mathrm{PF}'=-\dfrac{c}{a}X-a$

$\therefore\quad \mathrm{PF}-\mathrm{PF}'=2a$

したがって　$|\mathrm{PF}-\mathrm{PF}'|=2a$

Plus

423 (1) $(-25,\ -23)$　(2) $(25,\ 27)$

(3) $\left(-\dfrac{35}{3},\ -\dfrac{29}{3}\right)$　(4) $\left(\dfrac{35}{3},\ \dfrac{41}{3}\right)$

424 $(22,\ -14)$（点 B と一致する）

7章 場合の数と数列

1 場合の数

Basic

425 (1) 6 個　(2) 15 個　(3) 40 個

426 (1) 4 個　(2) 12 個　(3) 24 個

427 24 個

428 9 個

429 15 通り

430 (1) 5　(2) 120　(3) 30　(4) 360

431 (1) 120　(2) 720　(3) 90　(4) $n+1$

432 $2!\cdot 3!=12$（個）

433 (1) ${}_5\mathrm{P}_3=60$（通り）　(2) $3\cdot 3!=18$（通り）

434 $3^5=243$（通り）

435 $6^3=216$（個）

436 (1) 35　(2) 56　(3) 56

(4) $\dfrac{n(n-1)}{2}$　(5) n

437 (1) ${}_9\mathrm{C}_2=36$（通り）　(2) ${}_5\mathrm{C}_2=10$（通り）

438 (1) ${}_{12}\mathrm{C}_5=792$（通り）

(2) ${}_7\mathrm{C}_3\cdot{}_5\mathrm{C}_2=350$（通り）

439 ${}_n\mathrm{C}_r={}_{n-1}\mathrm{C}_r+{}_{n-1}\mathrm{C}_{r-1}$ を繰り返し用いよ．

440 $\dfrac{8!}{3!\cdot 2!\cdot 3!}=560$（個）

441 (1) $\dfrac{7!}{2!\cdot 3!\cdot 2!}=210$（通り）

(2) $\dfrac{6!}{2!\cdot 3!\cdot 1!}=60$（通り）

442 (1) $(8-1)!=7!=5040$（通り）

(2) $(4-1)!\cdot 4!=3!\cdot 4!=144$（通り）

443 (1) $a^5+5a^4+10a^3+10a^2+5a+1$

(2) $a^4+8a^3b+24a^2b^2+32ab^3+16b^4$

(3) $x^6-6x^5+15x^4-20x^3+15x^2-6x+1$

444 ${}_7C_3\cdot 3^4\cdot\left(-\dfrac{1}{3}\right)^3=-105$

Check

445 60 個　⇨425

446 12 個　⇨426

447 12 個　⇨427

448 (1) 132　(2) 132　(3) 220　⇨430,431,436

449 312 個　⇨432

450 ${}_5P_3+{}_5P_2\times3\times5=360$（通り）　⇨433

451 128 個　⇨434,435

452 10 通り　⇨437

453 115 通り　⇨438

454 10 通り　⇨440

455 1120 通り　⇨441

456 72 通り　⇨442

457 $16x^4-32x^3+24x^2-8x+1$　⇨443

458 ${}_7C_3\cdot2^4\cdot(-3)^3=-15120$　⇨444

Step up

459 A の勝ちを a，B の勝ちを b で表す．

(1) $a\ b\ a\ b\ a\ b\ a\ a$，$b\ a\ b\ a\ b\ a\ b\ b$ の 2 通り

(2) A が勝者となるのは，8 回のゲームの結果が

$*\ *\ *\ *\ b\ a\ a\ a$　（$*$ は a または b）

と表され，$****$ の部分に a または b が 3 回以上並ばず，かつ，$*\ a\ b\ b$ とならない場合である．したがって

$2^4-(3+3+2)=8$（通り）

B についても同じだから　16 通り

460 (1) ${}_{12}C_3=220$（通り）

(2) 正三角形でない二等辺三角形は $12\times4=48$（通り）である．正三角形は 4 通りあるから，二等辺三角形は　$48+4=52$（通り）

直角三角形は　$6\times10=60$（通り）

直角二等辺三角形は　$6\times2=12$（通り）

よって　$220-(52+60-12)=120$（通り）

461 (1) ${}_{10}C_3=120$（通り）　(2) $10\times6=60$（通り）

(3) $120-60-10=50$（通り）

462 使わない数字 2 個が同じ場合は

$\dfrac{7!}{3!3!1!}\times3=420$（通り）

使わない数字 2 個が異なる場合は

$\dfrac{7!}{3!2!2!}\times3=630$（通り）

よって　$420+630=1050$（通り）

463 (1) $5\times{}_5P_3=300$（個）

(2) 千の位が 1，2 であるものは，それぞれ ${}_5P_3=60$ 個ずつあるから，3012 が 121 番目になる．千の位が 3，百の位が 0 であるものは，${}_4P_2=12$ 個あるから，3102 は 133 番目になる．千の位が 3，百の位が 1，十の位が 0 であるものは，${}_3P_1=3$ 個あるから，3120 は 136 番目の数．

(3) 千の位が 1 であるものは，${}_5P_3=60$ 個あり，千の位が 2 で百の位が 0，1，3 であるものは，それぞれ ${}_4P_2=12$ 個ずつあるから，2401 が 97 番目になり，100 番目は 2410

464 (1) $(1+x)^n={}_nC_0+{}_nC_1x+{}_nC_2x^2+{}_nC_3x^3+\cdots+{}_nC_nx^n$

に $x=-1$ を代入せよ．　0

7章　場合の数と数列

(2) $(1+x)^{2n}$ を展開し，$x=1$ と $x=-1$ を代入した2式を加える．　2^{2n-1}

465 例題と同様に，鉛筆12本と仕切り3個を並べればよい．

(1) ${}_{15}C_3=455$（通り）　(2) ${}_{11}C_3=165$（通り）

466 例題(2)と同様にボール10個と仕切りを並べて，仕切りにはさまれたボールの数を和の形に表せばよい．

(1) 9個の場所から仕切り2個をおく場所を選ぶから　${}_9C_2=36$（通り）

(2) ${}_9C_7+{}_9C_8+{}_9C_9=46$（通り）

(3) 9個の場所の各々に仕切りを入れるか入れないかを選ぶ選び方は　$2^9=512$（通り）

このうち，仕切りを1つも入れない場合は数10を用いることになるから，不適．

$\therefore\quad 512-1=511$（通り）

467 重複順列の公式を用いよ．

(1) $2^8-2=254$（通り）

(2) $3^8-3(2^8-2)-3=5796$（通り）

2 数列

Basic

468 (1) $-1,\ 1,\ 3,\ 5,\ 7$　(2) $-2,\ 4,\ -8,\ 16,\ -32$

(3) $\frac{1}{2},\ \frac{1}{6},\ \frac{1}{12},\ \frac{1}{20},\ \frac{1}{30}$

469 (1) $a_n:-1,\ 1,\ -1,\ 1,\ -1,\ 1$

$b_n:1,\ 2,\ 4,\ 8,\ 16,\ 32$

(2) $c_n:0,\ 1,\ 1,\ 3,\ 5,\ 11$

470 (1) 10, 24, 31　(2) 9, 5, 3

471 (1) $7n-61$　(2) 第7項　(3) 第9項

472 (1) 210　(2) 328

(3) 200は第26項だから　3900

473 (1) -580

(2) 第 n 項までの和は　$n(3n-88)$

$n(3n-88)>0$ を解け．　第30項

474 (1) $-6,\ 12,\ 48$

(2) $\pm2,\ -1,\ \pm\frac{1}{2}$ (複号同順)

(3) $\pm\frac{1}{3},\ \pm3,\ \pm27$ (複号同順)

475 (1) 一般項　$5\cdot2^{n-1}$，第10項　2560

(2) 一般項　2^{4-n}，第10項　$\frac{1}{64}$

476 (1) 3280　(2) $\frac{1640}{2187}$

477 (1) $2\cdot3^{n-1}$　(2) 第8項　(3) 6560

478 (1) $1+2+3+4+5=15$

(2) $(-1)+1+3+5+7+9+11=35$

(3) $3+6+12+\cdots+3\cdot2^{n-1}=3(2^n-1)$

479 (1) $\sum_{k=1}^{30}(k+20)$　(2) $\sum_{k=1}^{6}\left(-\frac{1}{3}\right)^{k-1}$

480 (1) $\frac{1}{6}n(n+1)(2n+1)+\frac{1}{2}n(n+1)$
$=\frac{1}{3}n(n+1)(n+2)$

(2) $\frac{1}{3}n(n+1)(2n+1)-\frac{1}{2}n(n+1)$
$=\frac{1}{6}n(n+1)(4n-1)$

(3) $4\sum_{k=1}^{n}k^2=\frac{2}{3}n(n+1)(2n+1)$

481 (1) $a_1=1,\ a_{k+1}=2a_k+3\ \ (k=1,\ 2,\ 3,\cdots)$

(2) $a_1=3,\ a_{k+1}=-2a_k+1\ \ (k=1,\ 2,\ 3,\cdots)$

(3) $a_1=2,\ a_{k+1}=(a_k-2)^3\ \ (k=1,\ 2,\ 3,\cdots)$

(4) $a_1=-1,\ a_{k+1}=(2a_k-1)^2\ \ (k=1,\ 2,\ 3,\cdots)$

482 (1) $2,\ 5,\ 14,\ 41,\ 122$　(2) $3,\ 4,\ 7,\ 12,\ 19$

483 (1) $a_n=\frac{1}{2}(5^n-1)$

(2) $b_n=\frac{1}{2}(n^2-n+6)$

484 (i) $n=1$ のとき $1^2+3\cdot1=4$ より成り立つ．

(ii) $n=k$ のとき成り立つと仮定すると，

$k^2+3k=2m$ となる自然数 m が存在する．

$n=k+1$ のとき

$(k+1)^2+3(k+1)=k^2+3k+2(k+2)$

$=2m+2(k+2)=2(m+k+2)$ だから，

$(k+1)^2+3(k+1)$ も偶数となり，成り立つ．

(i), (ii) より，すべての自然数 n について n^2+3n は偶数である．

485 (i) $n=1$ のとき $\dfrac{1}{2\cdot1-1}=1$ より成り立つ．

(ii) $n=k$ のとき $a_k=\dfrac{1}{2k-1}$ が成り立つと仮定すると，$n=k+1$ のとき

$$a_{k+1}=\frac{a_k}{2a_k+1}=\frac{\frac{1}{2k-1}}{\frac{2}{2k-1}+1}=\frac{1}{2+(2k-1)}$$
$$=\frac{1}{2k+1}=\frac{1}{2(k+1)-1}$$

となり，成り立つ．

(i), (ii) より，すべての自然数 n について

$a_n=\dfrac{1}{2n-1}$ が成り立つ．

Check

486 (1) $1,\ \dfrac{2}{3},\ \dfrac{3}{5},\ \dfrac{4}{7},\ \dfrac{5}{9}$

(2) $-1,\ -3,\ -7,\ -15,\ -31$ ⇨468

487 (1) $4n-86$　(2) 第 22 項　(3) 第 43 項

⇨471,473

488 (1) 左から 6, 18, 162

(2) 左から $\pm6,\ \pm\dfrac{3}{2},\ \pm\dfrac{3}{8}$ (複号同順) ⇨474

489 (1) $2\cdot(-3)^{n-1}$　(2) 第 8 項　(3) -3280

⇨477

490 (1) $0+1+4+9=14$

(2) $1-2+4-8+16-32=-21$ ⇨478

491 $\displaystyle\sum_{k=1}^{n}(2k-1)(k+1)=\frac{1}{6}n(4n^2+9n-1)$

⇨479,480

492 $a_1=-2,\ a_{k+1}=(-2a_k+1)^2\quad(k=1,2,\cdots)$

⇨481

493 2, 3, 7, 22, 89 ⇨482

494 $b_n=2^n+1$ ⇨483

495 $n=k$ のとき成り立つと仮定すると，$4^k-1=3m$ (m は自然数) と表されることを利用せよ． ⇨484

496 漸化式を利用して，$a_k=\dfrac{3}{2^{k+1}-3}$ であるとき，$a_{k+1}=\dfrac{3}{2^{k+2}-3}$ となることを示せ． ⇨485

Step up

497 (1) $r\fallingdotseq1$ より

$$\frac{a(r^{10}-1)}{r-1}=-31\cdot\frac{a(r^5-1)}{r-1}\quad(a\fallingdotseq0)$$

これを解いて　$r=-2$

(2) 公比を r，末項が第 n 項であるとする．

$3r^{n-1}=768$ より　$r^{n-1}=256\quad(r\fallingdotseq1)$

$\dfrac{3(r^n-1)}{r-1}=513$ より $r^n-1=171(r-1)$

$r^n=r^{n-1}\cdot r$ に注意してこれを解くと $r=-2$

498 (1) $a_{2k}=(2k)^2+2k=4k^2+2k$

(2) $a_2+a_4+a_6+\cdots+a_{2n}=\displaystyle\sum_{k=1}^{n}a_{2k}$

$$=\sum_{k=1}^{n}(4k^2+2k)=\frac{1}{3}n(n+1)(4n+5)$$

499 恒等式 $\dfrac{1}{k(k+2)}=\dfrac{1}{2}\left(\dfrac{1}{k}-\dfrac{1}{k+2}\right)$

を用いる．和は

$$\frac{1}{2}\left(\frac{1}{1}+\frac{1}{2}-\frac{1}{n+1}-\frac{1}{n+2}\right)$$
$$=\frac{n(3n+5)}{4(n+1)(n+2)}$$

500 $1-\dfrac{1}{(n+1)!}$

501 (1) 分母を有理化せよ．　(2) $\sqrt{n+1}-1$

502 両辺に 2 を掛けて辺々引くと

$$-S_n=1+2\cdot2+2\cdot2^2+\cdots$$
$$\cdots+2\cdot2^{n-1}-(2n-1)\cdot2^n$$
$$=1+\frac{4\cdot(2^{n-1}-1)}{2-1}-(2n-1)\cdot2^n$$

よって　$S_n=3+(2n-3)\cdot2^n$

503 (1) $a_{k+1}+1=2(a_k+1)$ と変形できる.

$a_n=2^n-1$

(2) $a_{k+1}-1=3(a_k-1)$ と変形できる.

$a_n=3^{n-1}+1$

(3) $a_{k+1}-\dfrac{1}{3}=-2\left(a_k-\dfrac{1}{3}\right)$ と変形できる.

$a_n=\dfrac{1}{3}\{5\cdot(-2)^{n-1}+1\}$

504 (i) $n=1$ のとき, $x>2$ だから成り立つ.

(ii) $n=k$ のとき $x^k>2^k$ が成り立つと仮定する.

両辺に x をかけて $x^{k+1}>2^k\cdot x$

$2^k\cdot x>2^k\cdot 2=2^{k+1}$

したがって　$x^{k+1}>2^{k+1}$

$n=k+1$ のときも成り立つ.

(i), (ii) より, すべての自然数 n について $x^n>2^n$ が成り立つ.

505 (1) (i) $n=5$ のとき, 左辺 $=2^5=32$,

右辺 $=5^2=25$ だから成り立つ.

(ii) $n=k$ のとき $2^k>k^2$ が成り立つと仮定する. 両辺に 2 をかけて $2^{k+1}>2k^2$

$k\geqq 5$ のとき

$2k^2-(k+1)^2=k^2-2k-1$

$=(k-1)^2-2\geqq 4^2-2>0$

よって　$2k^2>(k+1)^2$

したがって　$2^{k+1}>2k^2>(k+1)^2$

$n=k+1$ のときも成り立つ.

(i), (ii) より, $n\geqq 5$ のとき $2^n>n^2$ が成り立つ.

(2) (i) $n=2$ のときは左辺 $=\dfrac{1}{2^2}$, 右辺 $=\dfrac{1}{2}$

よって　左辺 < 右辺

(ii) $n=k$ のとき

$\dfrac{1}{2^2}+\dfrac{1}{3^2}+\cdots+\dfrac{1}{k^2}<\dfrac{k-1}{k}$

が成り立つと仮定する. 両辺に $\dfrac{1}{(k+1)^2}$ を加えて　$\dfrac{1}{2^2}+\dfrac{1}{3^2}+\cdots+\dfrac{1}{k^2}+\dfrac{1}{(k+1)^2}$

$<\dfrac{k-1}{k}+\dfrac{1}{(k+1)^2}$

$=\dfrac{k^3+k^2-1}{k(k+1)^2}<\dfrac{k^3+k^2}{k(k+1)^2}=\dfrac{k}{k+1}$

(i), (ii) より, $n\geqq 2$ のとき不等式は成り立つ.

506 (i) $n=1$ のとき, 左辺 $=1+2+5=8$,

右辺 $=1^2\cdot 2^3=8$ だから成り立つ.

(ii) $n=k$ のとき （変数の名前を変えて）

$\displaystyle\sum_{j=1}^{k}j^2+2\sum_{j=1}^{k}j^3+5\sum_{j=1}^{k}j^4=k^2(k+1)^3$

が成り立つと仮定する.

$n=k+1$ のとき,

$\displaystyle\sum_{j=1}^{k+1}j^2+2\sum_{j=1}^{k+1}j^3+5\sum_{j=1}^{k+1}j^4$

$\displaystyle=\sum_{j=1}^{k}j^2+2\sum_{j=1}^{k}j^3+5\sum_{j=1}^{k}j^4$

$+(k+1)^2+2(k+1)^3+5(k+1)^4$

$=k^2(k+1)^3+(k+1)^2+2(k+1)^3+5(k+1)^4$

$=(k+1)^2\{k^2(k+1)+1+2(k+1)+5(k+1)^2\}$

$=(k+1)^2(k^3+6k^2+12k+8)$

$=(k+1)^2(k+2)^3$

したがって, $n=k+1$ のときも成り立つ.

(i), (ii) より, すべての自然数 n で成り立つ.

Plus 

1　三項定理

507 $\dfrac{8!}{4!\,2!\,2!}=420$

508 $\dfrac{6!}{2!\,3!\,1!}x^2y^3 2^1=120x^2y^3$ より　120

2　階差数列

509 (1) $2n^2-n+6$

(2) $\dfrac{1}{6}n(n-1)(2n-1)$　　(3) $2-\dfrac{1}{n}$

（いずれも $n=1$ のときも成り立つ）

510 階差数列 $\{b_n\}$ は $b_n=2n$

$a_n=n^2-n+1$ （$n=1$ のときも成り立つ）